L'œil et la vision

Steve Parker – Louis Morzac

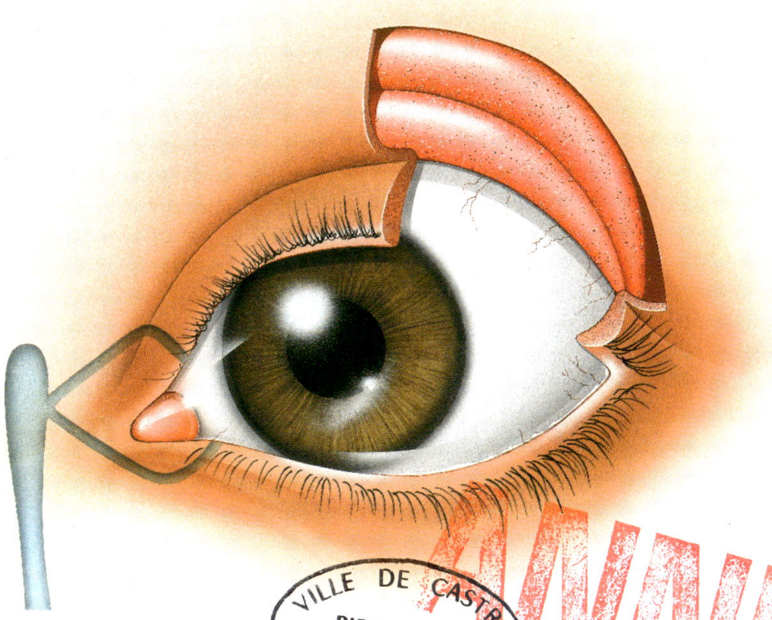

ÉDITIONS GAMMA
LES ÉDITIONS ÉCOLE ACTIVE

Les mots en caractères gras sont repris dans le glossaire.

L'édition originale de cet ouvrage
a paru sous le titre: *The Eye and Seeing*

96, Leonard Street, London EC2A 4RH

Adaptation française de Louis Morzac

D/1990/0195/76
ISBN 2-7130-1130-2
(édition originale: ISBN 086313 739 3)

Exclusivité au Canada:
Les Éditions École Active,
2244, rue Rouen, Montréal H2K 1L5
Dépôts légaux, 4e trimestre 1990
Bibliothèque nationale du Québec
Bibliothèque nationale du Canada
ISBN 2-89069-272-8

Imprimé en Belgique

Origine des photographies: Chris Fairclough 29, 31, 34.
Science Photo Library: Martin Dohrn 5, 11; Ralph Eagle 13;
Petit Format/E M de Monasterio 20; David Parker 21, 35;
Robin Scagell 43. Sony UK Limited 43. ZEFA couverture, 33, 37.

Sommaire

Introduction

Outre l'équilibre, le corps humain a cinq sens: la vue, l'ouïe, l'odorat, le goût, le toucher. Cependant c'est la vue qui l'emporte sur les autres car les 4/5 des informations reçues par le cerveau passent par les yeux. Nos yeux ont une telle importance qu'ils tentent à éclipser les autres sens. Souvent, nous fermons les yeux quand nous voulons nous concentrer pour écouter – de la musique par exemple.

Comparé à la plupart des autres animaux, l'homme a une bonne vision. Certains animaux ne voient que de vagues taches lumineuses ou sombres. Nous voyons clairement durant le jour et assez bien dans l'obscurité. Nous pouvons aussi évaluer la distance d'un objet. Et notre vision est polychrome.

Nos yeux voient une zone appelée **champ visuel** qui s'étend d'une épaule à l'autre et du front à la taille. En tournant la tête, nous voyons vers le haut, vers le bas et derrière nous. Mais nos yeux ne constituent qu'une partie du processus de la vision qui concerne aussi le cerveau.

C'est dans le cerveau que les images que nos yeux perçoivent s'ordonnent et prennent une signification. La science parvient à analyser et à décrire le fonctionnement de l'œil. Mais elle n'a pas encore percé totalement le mystère du mécanisme de la vision, en particulier la reconnaissance des modèles, des formes et des mouvements. Il est difficile à un ordinateur de «voir» aussi bien qu'un enfant de 3 ans. Même doté d'un programme élaboré, il distinguera mal la différence entre un arbre et un poteau télégraphique!

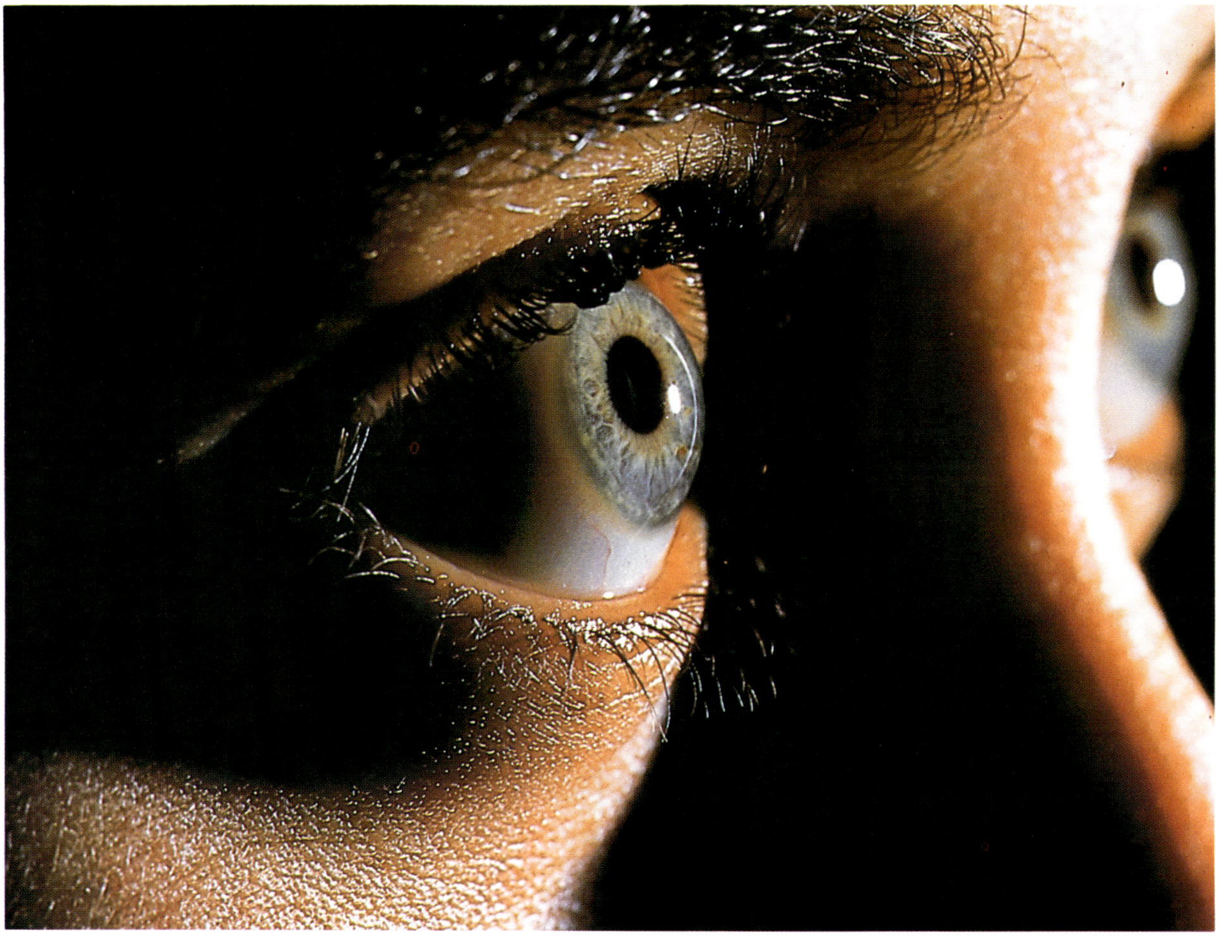

△ L'œil humain est un organe très complexe et fragile. S'il est en bonne santé, il peut voir aussi bien dans la pénombre qu'en plein jour. Il peut aussi distinguer les couleurs et voir nettement les objets rapprochés et éloignés.

Types d'yeux

Le règne animal comporte de nombreux types d'yeux adaptés à des conditions de vie particulières.

- Les yeux simples que l'on rencontre chez les animaux tels des vers, peuvent réagir aux changements de luminosité, mais ils ne construisent pas d'images.
- Les yeux composés sont constitués de centaines, voire de milliers, de cellules photosensibles assemblées, comme chez certains insectes.
- Derrière la rétine des yeux de chats, on trouve une membrane supplémentaire qui renvoie la lumière sur la rétine. Ces yeux donnent l'impression de luire dans l'obscurité.
- Certaines créatures, comme les serpents, ont une paupière supplémentaire glissant à travers l'œil en lui fournissant une protection accrue.
- Certains poissons ont des yeux en deux parties de sorte que, lorsqu'ils nagent près de la surface, une partie des yeux voit dans l'air et l'autre dans l'eau.

La structure de l'œil

Le globe oculaire ressemble à une petite balle d'un diamètre de 2,5 cm et d'une masse d'environ 7 gr.

La **sclérotique** est une membrane fibreuse, blanche, très résistante, opaque qui constitue les 4/5 de l'enveloppe extérieure du globe; la **cornée** occupe le 1/5 antérieur de l'enveloppe. Transparente, elle laisse passer la lumière.

La **conjonctive** est une membrane muqueuse transparente qui tapisse l'intérieur des paupières et les unit au globe oculaire sur lequel elle se continue jusqu'au périmètre extérieur de la cornée. Le liquide qu'elle sécrète contribue, avec les **glandes lacrymales**, à garder à l'œil sa propreté et son humidité.

La choroïde est une membrane constituée presqu'uniquement de vaisseaux sanguins, c'est la membrane nourricière du globe de l'œil. Elle tapisse l'intérieur de la coque formée par la sclérotique et contient un pigment noir destiné à absorber la lumière et à empêcher celle-ci de se réfléchir sur la couche photosensible de l'œil. L'**iris** termine la choroïde en avant. Il est percé d'un trou central, la **pupille**, par laquelle la lumière pénètre dans l'œil.

La **rétine**, membrane nerveuse qui double tout le fond de l'œil, est l'épanouissement des fibres du nerf optique. Ses cellules détectent la lumière, la transforment en messages électriques qui parcourent les fibres nerveuses jusqu'au nerf optique et de là au cerveau. Le point d'entrée du nerf optique dans la rétine forme un disque légèrement ovoïde, appelé papille optique qui est insensible à la lumière.

▽ Le cercle jaune figurant sur ce schéma montre la papille optique – ou tache de Mariotte – sur la rétine. Cet endroit est dépourvu de cellules photosensibles.

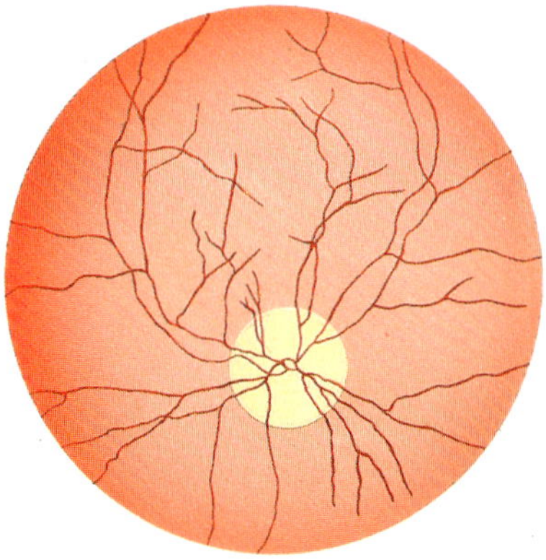

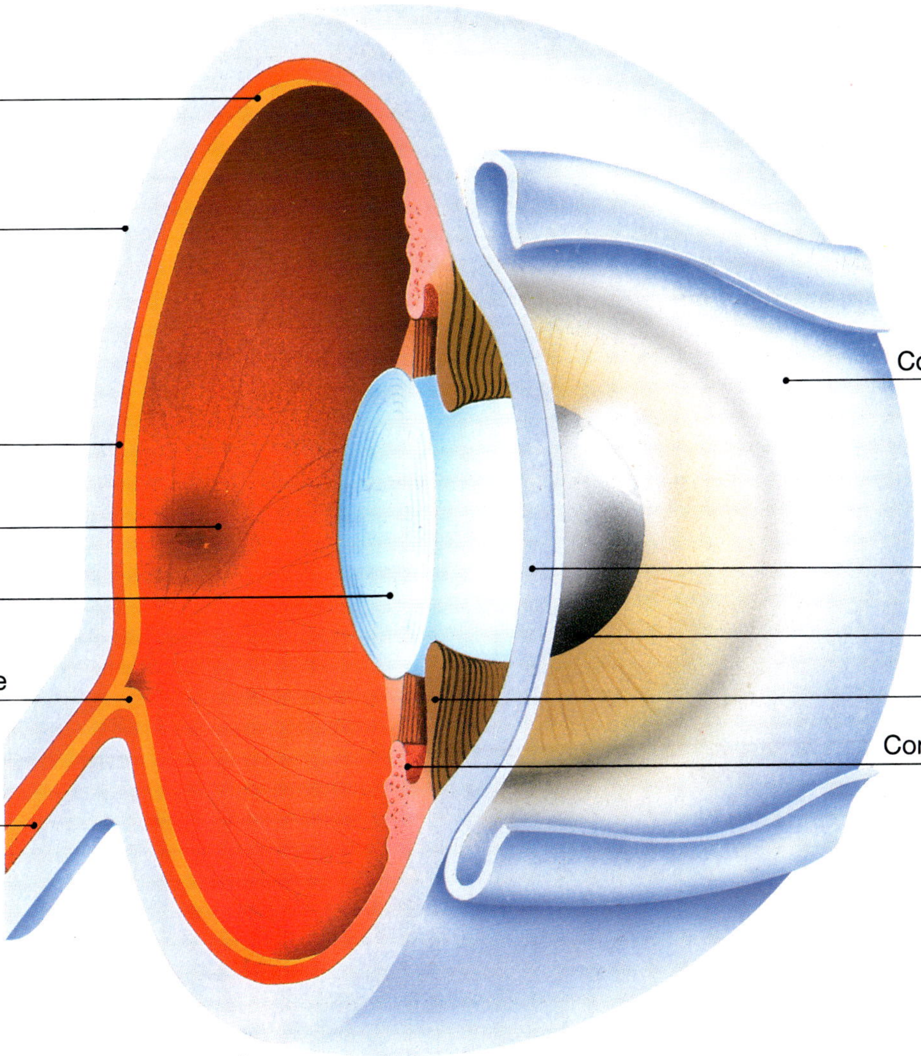

Le globe oculaire se divise en deux chambres. La chambre antérieure, située derrière la cornée, contient l'**humeur aqueuse** ; elle est bornée vers l'arrière par l'iris doublé du **cristallin**. Le cristallin est transparent. Il laisse passer la lumière et sert à la mise au point de l'image sur la rétine. La chambre postérieure est le corps vitré qui se compose d'une masse gélatineuse transparente – l'**humeur vitrée** – enfermée dans une membrane.

△ Cette coupe transversale de l'œil illustre les principales structures permettant la vision. La lumière pénètre dans l'œil par la pupille; elle traverse le cristallin et une image se forme sur la rétine. L'information est transmise au cerveau via le **nerf optique.**

L'œil, une caméra

L'œil représente exactement la chambre noire d'un appareil photographique. Mais contrairement à ce dernier, il existe depuis des millions d'années. Comme une caméra, il ne laisse entrer la lumière que par une seule ouverture réglable en fonction de la luminosité ambiante. Les paupières protègent et recouvrent l'œil comme l'obturateur des photographes. La cornée et le cristallin représentent l'objectif. L'iris est un diaphragme mobile et contractile suivant l'intensité de la lumière. La rétine constitue le film. Enfin, le pourpre rétinien est le support chimique de la sensation visuelle.

Sans mécanisme de mise au point, l'œil comme la

▷ La lumière pénètre dans une caméra par l'objectif. Celui-ci met l'image au point et la projette à l'envers sur le film placé à l'arrière de la caméra.

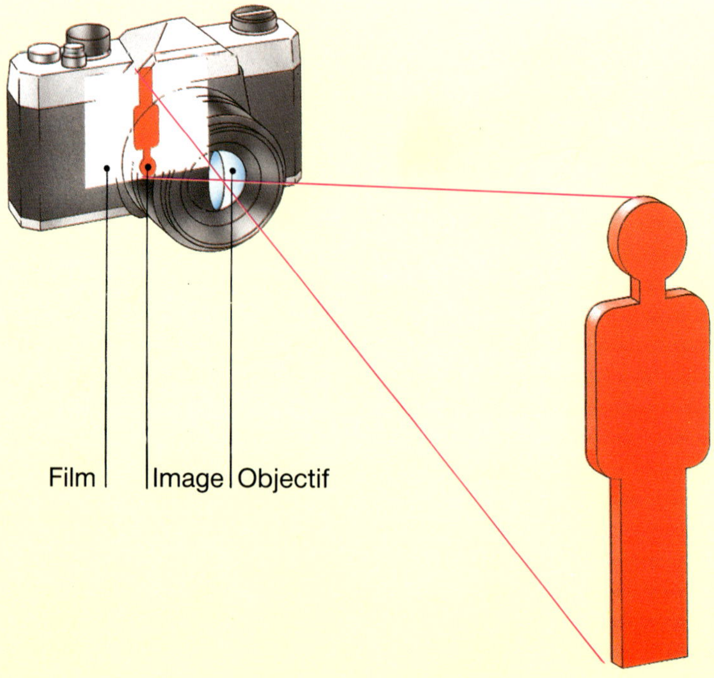

caméra n'enregistreraient qu'une grande tache polychrome. Une lentille sert à former une image nette sur la rétine comme sur le film de la caméra. Mais ces deux mécanismes de mise au point diffèrent légèrement. Dans l'œil, la forme de la lentille – le cristallin – se modifie pour mettre l'image au point. Dans une caméra, la lentille – l'objectif – avance ou recule pour réaliser cette opération.

Dans une caméra, l'image est fixée sur la couche photosensible du film. Les cellules photosensibles de l'œil comprennent aussi des composés chimiques, mais ceux-ci transforment la lumière en messages électriques qui sont envoyés au cerveau.

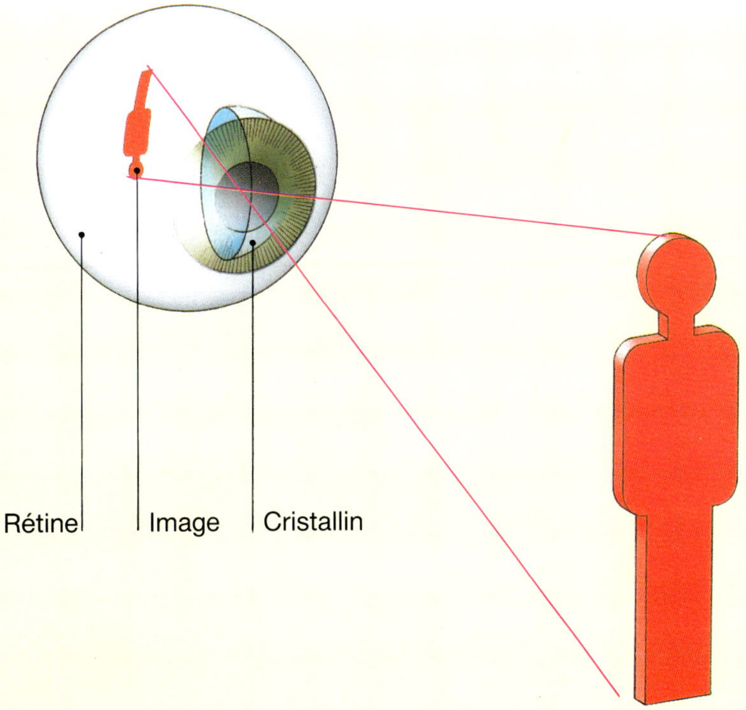

◁ La lumière pénètre dans l'œil par la cornée transparente, passe ensuite à travers la pupille et le cristallin qui met au point sur la rétine une image renversée.

L'iris et la pupille

La couleur de l'œil

La couleur de l'iris est déterminée par la présence d'un pigment, la **mélanine,** le même composé chimique qui donne aussi leur couleur aux cheveux et à la peau. L'iris est bleu si la mélanine est peu concentrée, il est plus foncé quand la concentration augmente. Tous les nouveau-nés ont les yeux bleus parce que la mélanine est enfouie profondément dans le tissu de l'iris. Quelques mois plus tard cependant, ce composé chimique peut se rapprocher de la surface de l'œil et modifier sa teinte.

Quand nous évoquons la couleur des yeux d'une personne, nous nous référons à l'iris et son trou noir central, la pupille. L'iris – arc-en-ciel en grec – renferme des cellules pigmentées qui donnent à l'œil sa teinte. On estime que les couleurs et les motifs de l'iris sont, comme les empreintes digitales, propres à chaque individu. L'acuité visuelle est indépendante de la couleur des yeux.

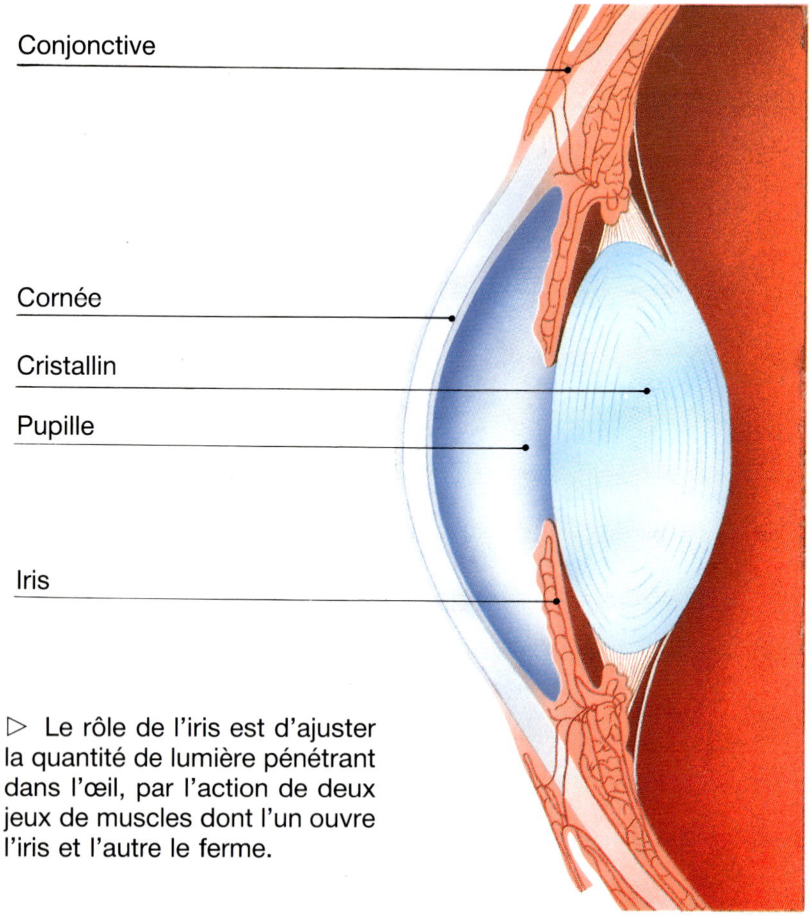

▷ Le rôle de l'iris est d'ajuster la quantité de lumière pénétrant dans l'œil, par l'action de deux jeux de muscles dont l'un ouvre l'iris et l'autre le ferme.

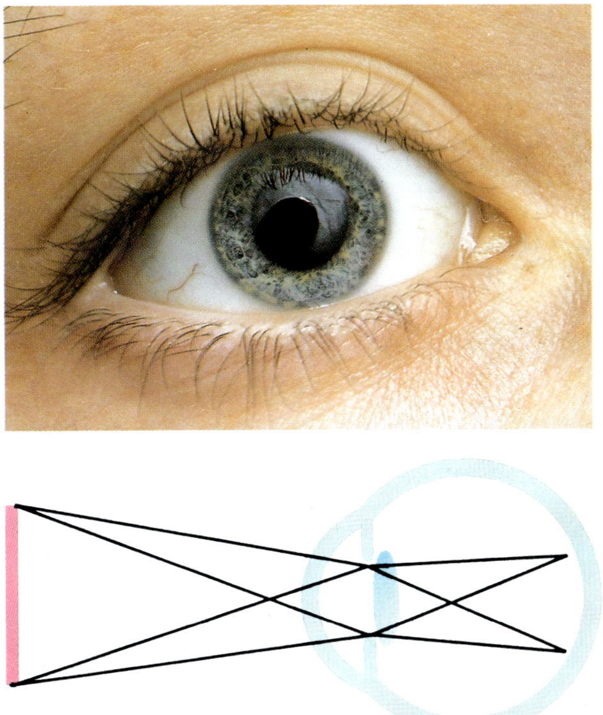

1

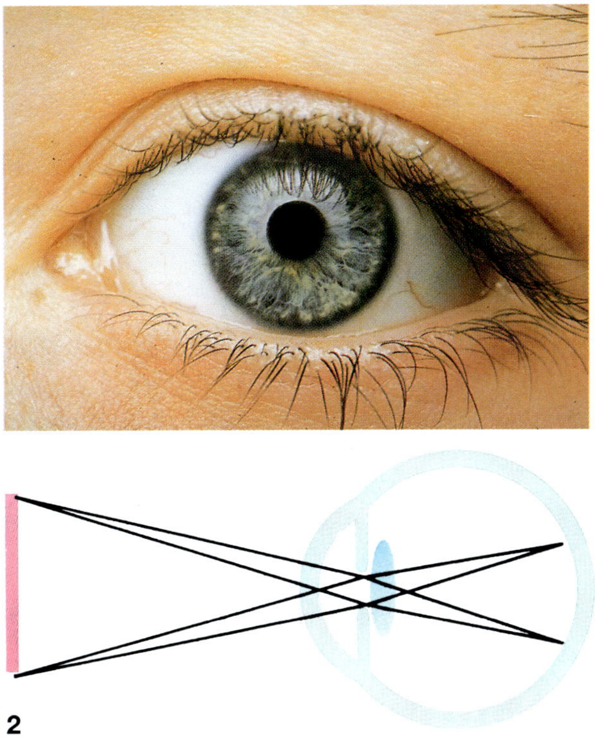

2

Suivant l'intensité de la lumière, les muscles de l'iris se contractent ou se relaxent pour modifier les dimensions de la pupille et contrôler l'admission de la lumière dans l'œil. Quand la lumière est tamisée, la pupille peut atteindre un diamètre de 8 mm, ce qui permet l'accès à la rétine d'un maximum de lumière. Quand elle est aveuglante, la pupille peut se contracter aux dimensions d'une tête d'épingle. Quand une lumière violente heurte l'œil, elle est détectée par la rétine, et la pupille se rétrécit presqu'immédiatement. Il s'agit là d'un réflexe d'autosauvegarde à laquelle le cerveau ne participe pas directement : en effet, le cerveau, occupé peut-être par d'autres préoccupations, pourrait réagir avec quelque retard.

La pupille humaine est ronde. La pupille d'autres créatures a des formes variées. Les pupilles d'un chat sont des fentes verticales qui peuvent s'élargir très fortement pour la chasse nocturne.

△ La taille de la pupille est contrôlée par l'iris.

1 Quand la lumière est faible, le diaphragme iridien s'ouvre et agrandit la pupille pour admettre plus de lumière.

2 Quand la lumière est forte, l'iris se contracte et rend la pupille plus petite. Sur ces schémas, comme ailleurs dans cet ouvrage, les rayons lumineux ont été représentés comme des droites.

Le cristallin

▽ Le cristallin est suspendu entre la cornée et la rétine par des ligaments. Ceux-ci sont reliés aux muscles ciliaires par les procès ciliaires.

Les rayons lumineux qui pénètrent dans l'œil doivent être focalisés ou « déviés » de façon à former sur la rétine une image nette. La courbure de la cornée transparente, l'humeur aqueuse et l'humeur vitrée provoquent l'essentiel de cette déviation des rayons (un peu comme les rayons se réfractent en passant de l'air à l'eau d'une piscine). Mais la mise au point précise, ou **accommodation**, est réalisée par le cristallin.

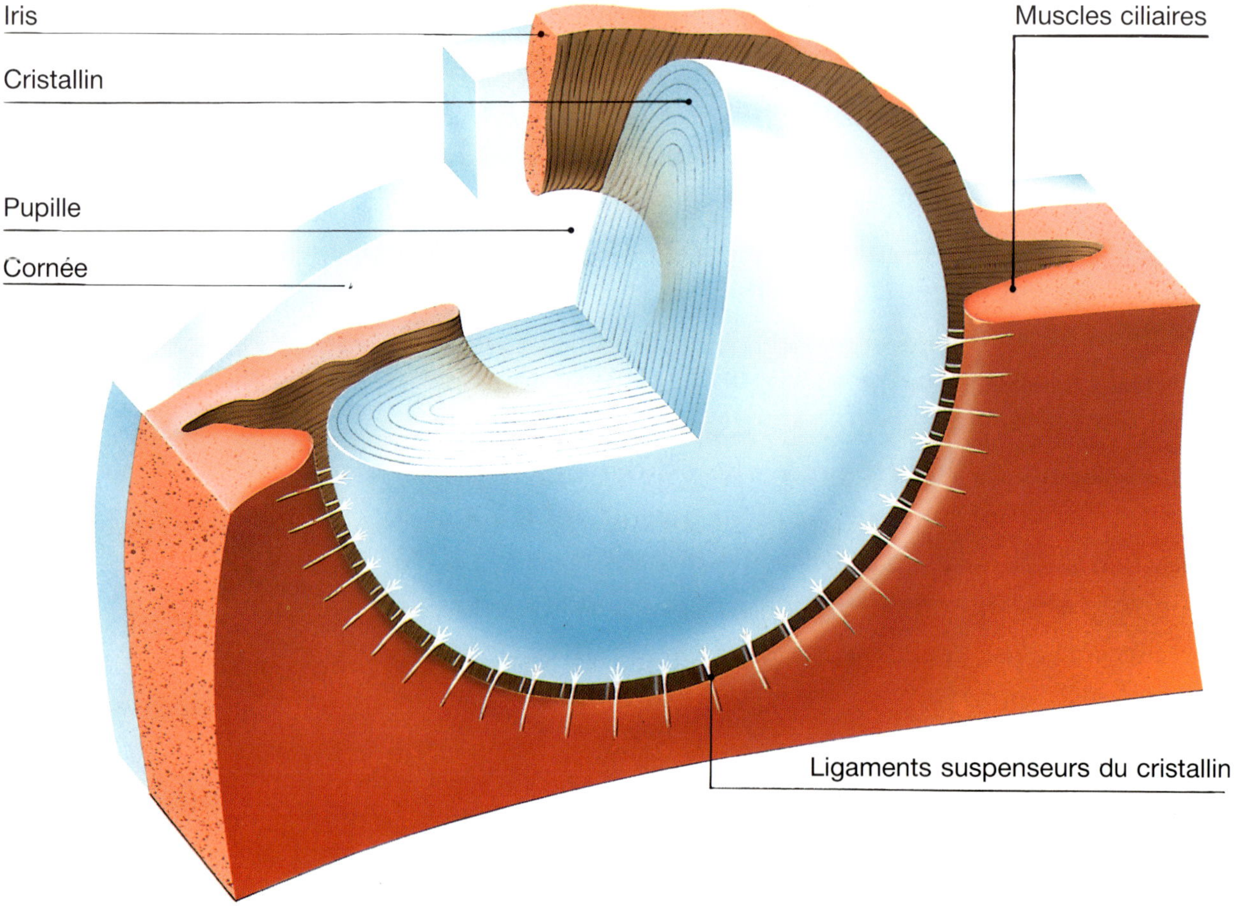

Le cristallin, situé tout juste derrière l'iris, a environ la taille d'un pois. Il est clair quoique jaunâtre et est constitué d'une superposition de couches de cellules, à la manière d'un oignon. Il a la forme d'une lentille biconvexe dont la face postérieure est légèrement plus bombée que la face antérieure.

Il est enveloppé dans une coque transparente appelée capsule cristallinienne ; celle-ci est suspendue aux **muscles ciliaires** par des ligaments fins et solides. On pourrait le comparer à un tremplin circulaire suspendu à son cadre par des courroies élastiques. Les muscles ciliaires sont à leur tour fixés à la sclérotique.

Pour mettre au point l'image d'objets distants, les muscles ciliaires se relaxent et la sclérotique, tendue par la pression de l'humeur vitrée, agit sur la lentille cristallinienne pour la faire s'aplatir. Pour mettre au point l'image d'objets rapprochés, les muscles ciliaires se contractent et se raccourcissent, ce qui annule la traction exercée par la sclérotique sur le cristallin et fait bomber celui-ci. Les muscles ciliaires doivent agir pour permettre une vision claire des objets rapprochés et se relaxer pour accommoder l'œil à une vision lointaine.

L'opacification du cristallin constitue la **cataracte.** Celui qui en est atteint ne peut plus voir clairement et l'opération chirurgicale peut être nécessaire. Un type d'opération consiste en l'ablation du cristallin ; le patient porte ensuite des lunettes spéciales. L'œil ne peut plus voir à la fois des objets distants et rapprochés, mais cette solution est préférable à l'absence totale de vision. Un autre type d'opération consiste à extraire le noyau de sa capsule cristallinienne et à le remplacer par une gelée artificielle transparente. Dans ce cas, l'accommodation du cristallin demeure possible.

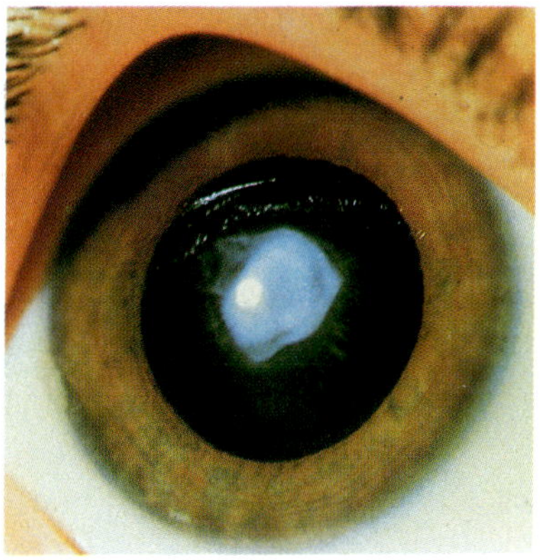

△ La **cataracte** est une infirmité caractérisée par l'opacification du cristallin. Elle peut provoquer la perte de la vision. Les victimes sont pour la plupart des personnes âgées. Mais cette infirmité peut résulter d'infections (même chez les nouveau-nés) ou d'autres maladies telles que le diabète.

L'accommodation

Le cristallin est l'organe de l'**accommodation**, c'est-à-dire qui permet à l'œil de se «mettre au point», de s'adapter à la vision à différentes distances. Les animaux qui en sont dépourvus ne voient probablement leur environnement que comme une mosaïque brouillée faite de taches lumineuses et sombres.

Les rayons lumineux qui pénètrent dans l'œil y sont concentrés et finissent par se recouper. Pour qu'une image soit nette, les points d'intersection des rayons doivent tomber exactement sur la rétine. S'ils se situent en avant ou en arrière de celle-ci, l'image est floue. L'œil est alors myope ou hypermétrope.

Les rayons lumineux provenant d'objets lointains sont parallèles; la réfraction qu'ils subissent dans l'œil peut être faible. Ceux en provenance d'objets rapprochés divergent. Ils doivent donc subir une réfraction plus importante. Par son élasticité, le cristallin se prête à l'adaptation de sa forme à la mise au point des images. Cette adaptation, commandée par le cerveau, est presqu'instantanée. Elle s'appelle l'accommodation.

Quand notre regard passe d'un objet éloigné à un objet rapproché, l'image se trouble une fraction de seconde parce que la contraction des muscles ciliaires et le bombement du cristallin ne sont pas totalement instantanés. L'accommodation est normalement tellement rapide que nous n'en avons que rarement conscience. Lorsque notre regard se reporte sur un objet éloigné, les muscles ciliaires se relaxent et la

▽ L'accommodation

1 La contraction des muscles ciliaires relâche la tension exercée sur les ligaments suspenseurs du cristallin et celui-ci, libéré, se bombe.

2 La relaxation des muscles ciliaires provoque la tension des ligaments suspenseurs du cristallin et celui-ci s'aplatit.

sclérotique, par l'intermédiaire des ligaments suspenseurs, fait s'aplatir le cristallin. Lorsque vous effectuez un travail sur des objets rapprochés ou que vous lisez, il est conseillé de laisser votre regard s'éloigner de temps à autre pour vous reposer les yeux.

Un nouveau-né est incapable de voir nettement des objets éloignés. Le mécanisme d'accommodation de ses yeux ne fonctionne que pour des objets distants d'environ 20 ou 30 cm, la distance approximative qui sépare son visage de celui de sa mère quand elle le nourrit. L'élasticité du cristallin – et par conséquent le pouvoir d'accommodation – est maximale chez les tout jeunes gens. Elle diminue ensuite.

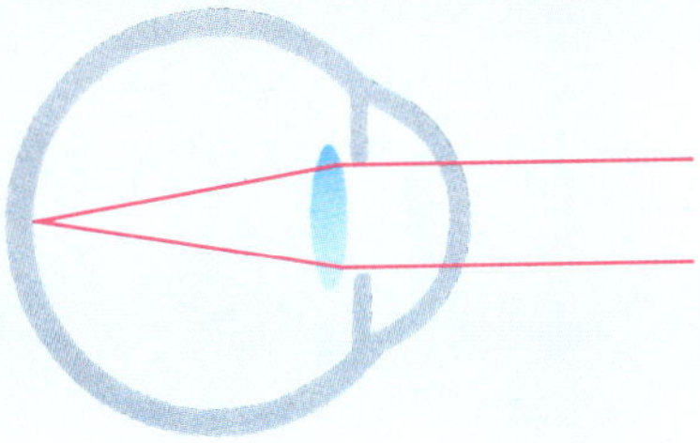

△ Quand nous regardons un objet éloigné, le cristallin est aplati. Les rayons lumineux se réfractent dans l'œil pour se croiser sur la rétine.

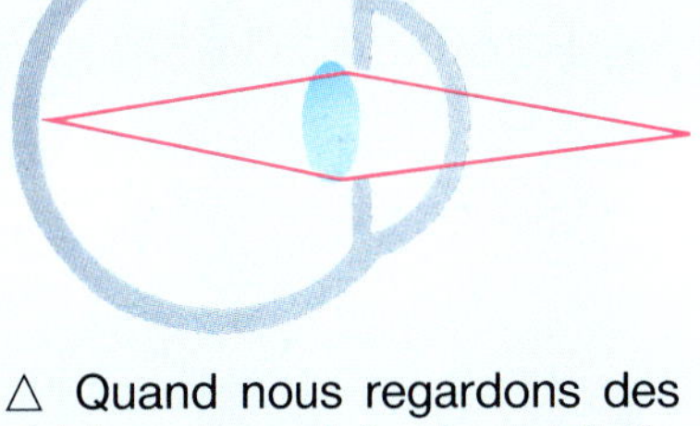

△ Quand nous regardons des objets rapprochés, le cristallin se bombe. Les rayons lumineux subissent une réfraction plus importante pour maintenir la netteté de l'image.

La vision stéréoscopique

Fermez un œil et regardez de l'autre. Puis ouvrez le premier et fermez le second : la vue change légèrement et les objets situés à l'avant-plan paraissent sauter latéralement sur l'arrière-plan. L'espace interpupillaire est d'environ 6 cm. Chaque œil perçoit donc une image légèrement différente. Le cerveau compare ces images et évalue la distance entre les objets et l'observateur. Cette évaluation procède de l'expérience et de la mesure des angles de visée des yeux par rapport à l'axe d'observation.

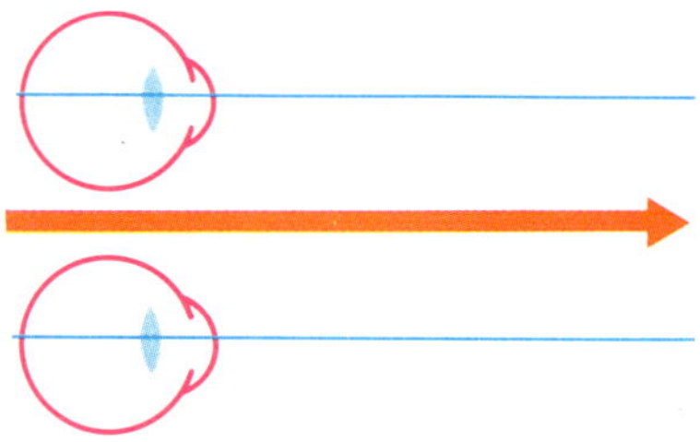

△ Les axes de visée des yeux sont parallèles lorsque vous observez un objet distant.

Quand vous regardez un objet, vos yeux s'orientent de façon à concentrer l'essentiel de l'image sur la partie la plus sensible de la rétine : la **tache jaune** où les détails sont plus nets. Pour regarder un objet distant, chaque œil vise tout droit de sorte que l'image tombe sur la **tache jaune.** Chaque œil perçoit pratiquement la même chose. Mais pour regarder un objet rapproché, les yeux s'orientent vers l'intérieur, leurs lignes de visée forment un angle, et leur différence de vision est plus marquée. Le cerveau évalue cet angle qui s'appelle la **convergence.** Celle-ci est d'autant plus grande que l'objet est rapproché.

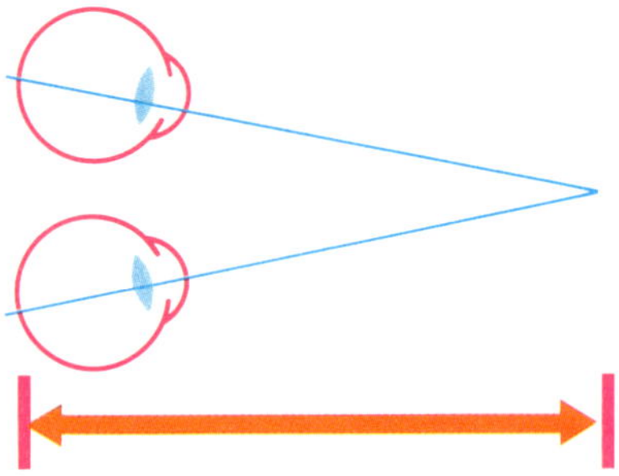

△ Pour regarder quelque chose de très près, les deux yeux visent légèrement vers l'intérieur de sorte que les rayons lumineux viennent quand même frapper la tache jaune.

Quand un objet est trop proche pour être perçu nettement, vous « louchez ». Les enfants, dont les yeux sont plus rapprochés, peuvent distinguer clairement les choses à 7,5 cm environ. Pour la plupart des adultes, les objets distants de moins de 15 cm deviennent flous. Dressez l'index à 30 cm de votre visage et rapprochez-le en le fixant du regard. Lorsqu'il est trop près, vous voyez deux index, un avec chaque œil.

La capacité d'estimer les distances au moyen des deux yeux s'appelle la **vision stéréoscopique** ou binoculaire. Elle donne du relief à ce que nous voyons et nous permet plus facilement d'atteindre, de toucher et de manipuler les objets. L'homme n'est pas le champion du règne animal de la vision stéréoscopique, mais il n'y est pas mal classé. Bien que la vision stéréoscopique ait probablement contribué au succès de l'espèce humaine – par exemple à sa capacité de manipuler des outils –, elle n'est cependant qu'un des aspects du processus d'estimation des distances. D'autres procèdent de l'apprentissage et de l'expérience enregistrée par le cerveau. Ainsi en va-t-il de la **perspective:** le même objet paraît grand lorsqu'il est rapproché et petit à distance. Il en va de même de la **parallaxe:** quand nous tournons la tête, les objets rapprochés paraissent se déplacer sur la toile de fond des objets éloignés. Les sportifs qui visent un but changent parfois de position pour mieux estimer la distance de la cible. D'autres projections cérébrales sont la brume qui paraît voiler les objets éloignés et la fonte des couleurs avec la distance.

△ Placez un carton de format ordinaire sur la ligne de séparation de ces deux photos stéréoscopiques, perpendiculairement à la surface de cette page. Approchez votre visage de façon à ce que votre œil gauche ne voit que l'image de gauche, et votre œil droit, celle de droite. L'ensemble devrait apparaître en relief, à condition d'obtenir au préalable la superposition des deux images.

La rétine

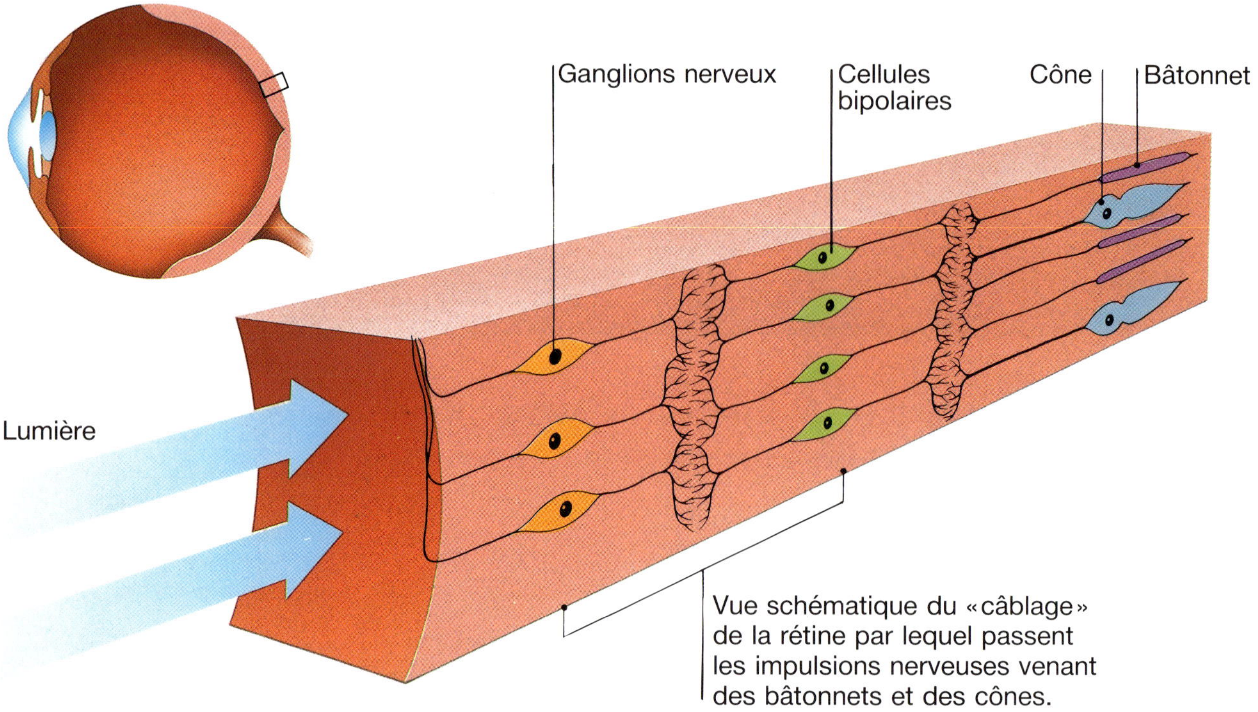

△ La rétine est constituée de plusieurs couches de cellules. Elle peut traiter et modifier les images qui se forment à sa surface avant leur acheminement vers le cerveau. Les cônes et les bâtonnets photosensibles sont situés à l'arrière de la rétine.

La rétine est une fine membrane nerveuse d'1/10 mm d'épaisseur et de la taille d'un timbre poste, en forme de cupule, capable de percevoir en couleurs et de manière continue tous les détails d'un monde en mouvement. La rétine convertit les rayons lumineux en messages électriques (impulsions nerveuses) et envoie ceux-ci au cerveau par le nerf optique.

La rétine est constituée de plusieurs couches de cellules et de fibres superposées. Sa couche extérieure compte plus de 130 millions de cellules photosensibles appelées **cônes** et **bâtonnets.** Quand la lumière heurte l'un d'eux, celui-ci envoie des impulsions nerveuses à travers un réseau de cellules nerveuses appelées **cellules bipolaires.** Celles-ci sont à leur tour

◁ Fermez l'œil gauche et fixez la tache noire (à gauche). Rapprochez lentement la page de votre œil. La croix disparaîtra lorsque le papier sera à environ 20 cm de l'œil. Son image tombe maintenant sur la tache de Mariotte.

reliées à une autre couche de cellules, appelées **ganglions nerveux.** La lumière doit traverser ces couches pour atteindre les cônes et les bâtonnets. Sans doute cette conception n'est-elle pas des plus logiques. Mais le cerveau apprend rapidement à effectuer un tri parmi ces «ombres» projetées sur la rétine par le réseau nerveux et vasculaire.

Les bâtonnets, cônes, ganglions nerveux, cellules bipolaires et d'autres sont interconnectés de façon à ne transmettre au nerf optique qu'un certain type d'image. Certains groupes de cellules sont sensibles aux taches, d'autres réagissent aux lignes. Certaines cellules répondent au mouvement dans une direction différente. Et tout cela quasi instantanément.

Les messages qui quittent la rétine et suivent le nerf optique sont de la sorte déjà largement filtrés, ordonnés et codés. Comme les fibres nerveuses ne sont que 800 000 au départ de l'œil, les millions d'impulsions nerveuses venant des cônes et des bâtonnets ont dû être modifiées à plus de 99%.

La rétine est parcourue par un réseau sanguin nourricier. Les points d'entrée dans la rétine s'appellent la **papille optique** ou **tache de Mariotte** pour le nerf optique et fente sphéroïdale pour les vaisseaux sanguins. Dépourvue de cellules photosensibles, la tache de Mariotte constitue une zone aveugle.

L'image formée sur la rétine est renversée (comme dans une caméra), le cerveau la redresse.

Regarder dans son œil

Normalement, le cerveau ignore ce qu'il voit de la rétine et des vaisseaux sanguins qui le parcourent. Mais on peut voir l'image de ce réseau au moyen d'une torche électrique, faiblement lumineuse.

Fermez l'œil, posez la torche contre la paupière supérieure et imprimez-lui de petits mouvements circulaires. Une image ressemblant à un arbre noueux apparaîtra. C'est celle des vaisseaux sanguins sur la rétine. Quand vous immobilisez la torche, l'image disparaît. C'est le mouvement qui a attiré l'attention du cerveau sur ce qu'il croit être un objet en mouvement. Dès que le mouvement cesse, le cerveau ignore l'image.

Cônes et bâtonnets

La forme du segment supérieur des cônes et des bâtonnets est à l'origine de ces deux appellations. Les bâtonnets sont surtout sensibles aux faibles éclairages et sont l'organe de la vision nocturne. Les cônes sont l'organe essentiel de la perception visuelle diurne et de la perception des couleurs.

Il y a dans chaque œil environ 125 millions de bâtonnets répartis sur la majeure partie de la rétine. Les bâtonnets sont environ 100 fois plus sensibles à la lumière que les cônes. Ils contiennent une substan-

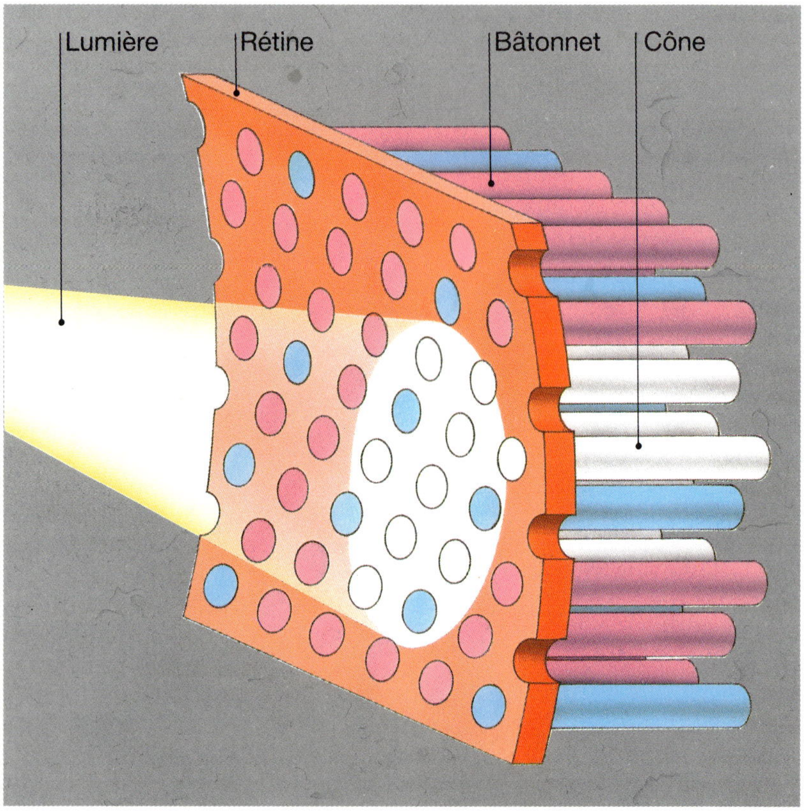

△ Cette microphotographie montre les cônes et les bâtonnets dans la rétine humaine. Les cônes sont les cercles les plus grands, vert foncé et jaunes, tandis que les bâtonnets sont les petites taches vertes d'allure gaufrée. Dans cette partie de la rétine, les bâtonnets sont environ vingt fois plus nombreux que les cônes.

▷ La lumière stimule la production d'impulsions nerveuses par les bâtonnets et les cônes. Simultanément, la rhodopsine des bâtonnets se décolore. Comme des quantités différentes de lumière frappent divers endroits de la rétine, les cellules photosensibles seront stimulées différemment.

ce chimique appelée **rhodopsine** ou pourpre rétinien. Quand la lumière frappe une molécule de rhodopsine, celle-ci génère un faible courant électrique. Les signaux sont stockés jusqu'au moment où leur nombre suffira à expédier un message aux cellules nerveuses de la rétine.

Durant la journée, la rhodopsine est graduellement consommée. Elle est remplacée la nuit, mais la vitamine A est nécessaire à ce processus. L'avitaminose A peut conduire à **l'héméralopie**.

L'œil compte environ 7 millions de cônes. Ceux-ci sont plus courts et plus épais que les bâtonnets. Ils réagissent aussi quatre fois plus vite. Ils sont de trois types, dont chacun contient un pigment différent qui réagit à des ondes lumineuses de longueurs différentes: l'un aux ondes longues (couleurs rouges), un autre aux ondes moyennes (couleurs jaunes-vertes) et le troisième aux ondes courtes (couleurs bleu-violet).

La tache jaune située près du centre de la face postérieure de la rétine est une zone très sensible, d'un diamètre d'1 mm environ, dépourvue de bâtonnets et dont les cônes plus étroits qu'ailleurs sont plus serrés. Un ganglion nerveux n'est relié qu'à quelques cônes. L'image d'un objet qu'on fixe tombe sur la tache jaune où la vision est précise, finement détaillée, sensible aux mouvements rapides et en couleurs. Le cerveau reçoit plus d'informations de la tache jaune que de tout le reste de la rétine.

En dehors de la tache jaune, la rétine renferme surtout des bâtonnets, reliés à des ganglions nerveux par groupes pouvant atteindre 300. La vision en provenance de cette région est moins précise et en «noir et blanc» (nuances de gris).

L'infrarouge

L'œil humain ne voit pas les rayons infrarouges qui accompagnent l'émission de chaleur. Des caméras équipées de films spéciaux peuvent enregistrer ce rayonnement et réaliser des images très précises. Les techniques de l'infrarouge sont souvent utilisées pour déceler des maladies telles les tumeurs et pour découvrir des gens recouverts par des éboulis au cours d'avalanches ou de séismes.

△ Cette photo de palmier a été prise à l'infrarouge. La végétation, qui est verte, apparaît en rouge parce qu'elle émet un rayonnement calorifique plus important que le tronc.

Les choses que nous voyons

> **Rétrécissement du champ visuel**
>
> Le **glaucome** est une maladie de l'œil caractérisée par une augmentation de la pression intraoculaire qui accroît la dureté du globe et détermine une compression du nerf optique compliquée d'une diminution de l'acuité visuelle. L'une des conséquences du glaucome est le rétrécissement du champ visuel. Le glaucome peut être traité s'il est diagnostiqué à temps.

Ce que nous voyons avec les deux yeux s'appelle le champ visuel. Chaque œil reçoit une image à peu près circulaire du décor. Mais ce qu'un œil perçoit n'est pas absolument identique à ce que l'autre enregistre car les deux axes d'observation forment un angle. Le recouvrement des deux images permet au cerveau de comparer les différences, de juger du relief et d'obtenir ainsi une **vision stéréoscopique.** La vision est très claire dans la zone de recouvrement parce que le cerveau en reçoit deux fois plus d'informations. Ce qui échappe à un œil peut être détecté par l'autre. Grosso modo, la forme générale du champ visuel des deux yeux correspond à celle d'une paire de lunettes, dont deux segments centraux inférieurs ne sont vus chacun que par un œil, le nez formant écran.

Comme les bâtonnets et les cônes sont disposés différemment sur la rétine, leurs champs de vision sont séparés. Celui des bâtonnets est le plus grand, bien qu'il soit affaibli en son milieu puisque le centre de la rétine compte moins de bâtonnets. Le champ visuel des cônes est le plus petit parce que ces cellules sont agglomérées au centre de la rétine. Réagissant principalement à l'une des trois couleurs, les cônes possèdent cependant quelques molécules qui les sensibilisent aux deux autres. Les couleurs que nous percevons sont donc un peu le résultat de superpositions et de mélanges.

La vision en couleurs n'est précise que lorsque nous visons directement un objet et que son image se

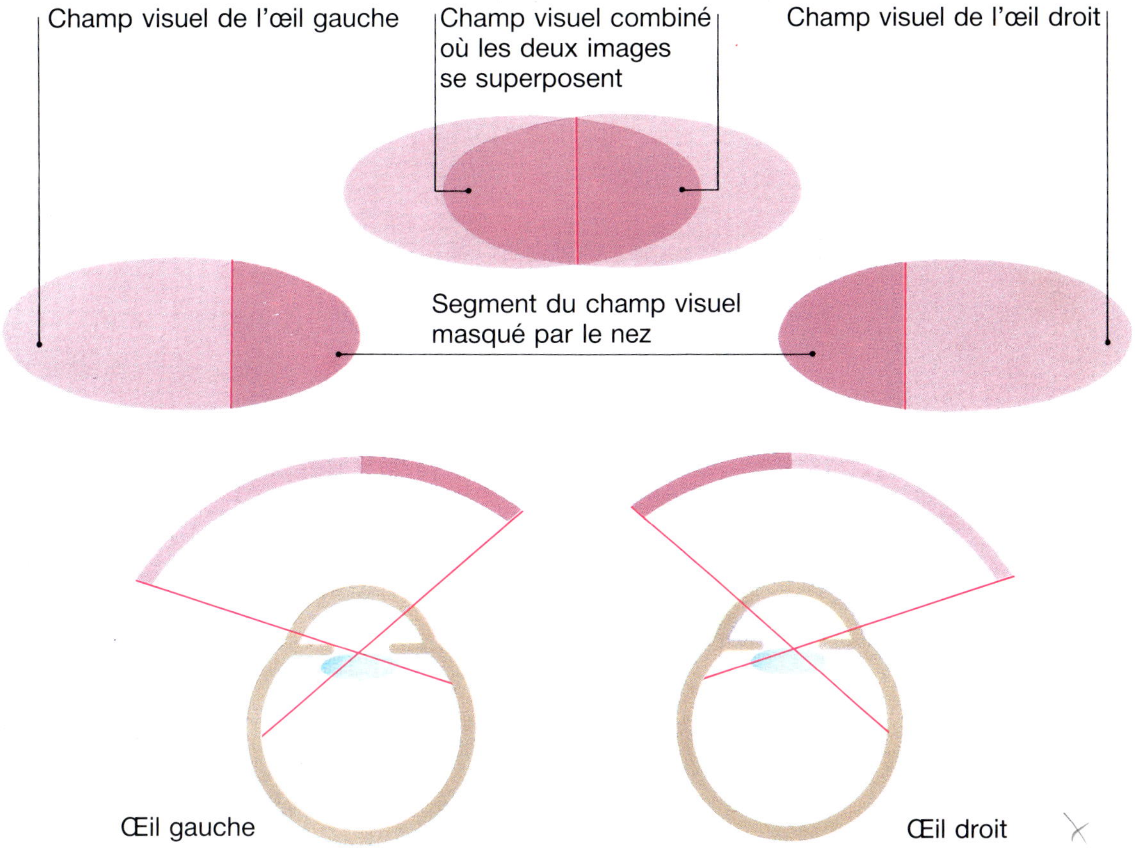

forme sur la tache jaune. Les bâtonnets, répartis sur le restant de la rétine, détectent principalement les mouvements et des formes moins distinctes sans couleur. Ils assurent ce qu'on appelle la **vision périphérique**. La détection par les bâtonnets d'un mouvement soudain en lisière du champ visuel peut faire pivoter les yeux pour que l'image tombe sur la tache jaune et puisse être examinée en détail.

Lorsque nous regardons fixement quelque chose, nos yeux peuvent paraître totalement immobiles. Mais il est prouvé que le regard se déplace très vite, continuellement et en zigzag autour de la partie centrale d'un sujet, de sorte que les images des détails observés se succèdent rapidement sur la tache jaune.

△ L'image que nous voyons est une combinaison des deux images différentes perçues par les yeux. Ces images se superposent et sont ajustées dans le cerveau pour obtenir une reproduction précise.

Les cheminements dans le cerveau

Les informations venant des yeux sont filtrées, coordonnées et interprétées dans le **cortex visuel** situé à l'arrière du cerveau.

Les nerfs optiques n'atteignent pas séparément le cortex visuel. Ils se réunissent d'abord au centre du cerveau dans le **chiasma optique.** C'est ici que les fibres nerveuses porteuses de la partie gauche des images formées dans chaque œil se séparent de celles qui portent les parties droites. Puis les nerfs portant les informations venant du côté gauche des deux yeux se réunissent et se prolongent en arrière jusqu'au côté gauche du cortex visuel. De même, les messages venant du côté droit des deux yeux sont envoyés à la partie droite du cortex visuel.

Jusqu'à présent on ne sait pas exactement comment le cortex visuel trie les informations venant des yeux. On a découvert que certaines cellules nerveuses du cortex visuel étaient sensibles aux angles et d'autres au mouvement. L'image globale serait ainsi progressivement assemblée. Elle est comparée aux

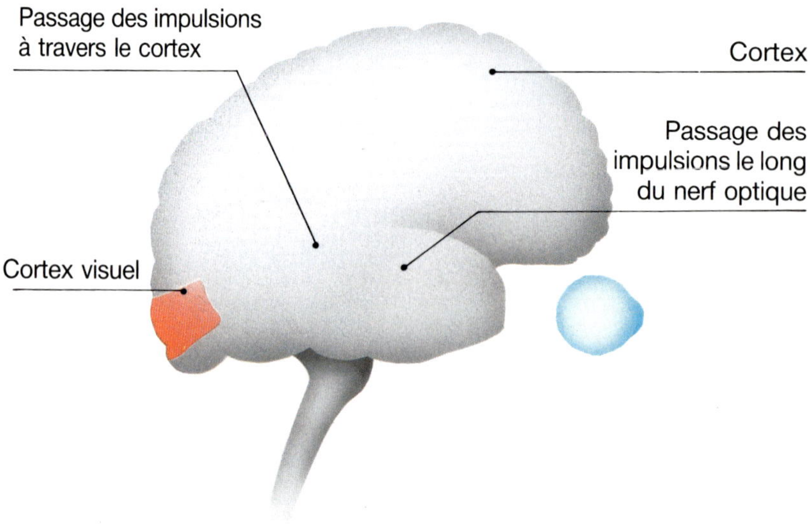

▷ La majeure partie de l'activité cérébrale se passe dans le **cortex,** l'écorce ridée du cerveau. Chaque sens a son siège dans une partie du cortex. Celle qui concerne la vue est située à l'arrière du cerveau. C'est ici que les impulsions nerveuses venant des yeux sont triées pour former une image.

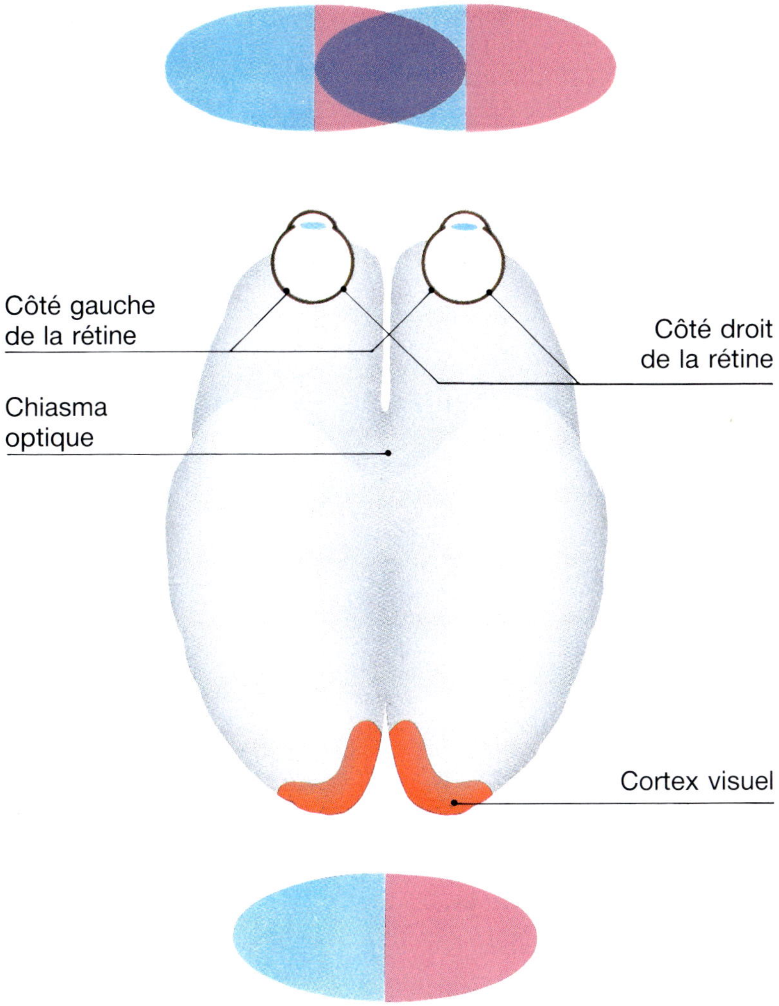

◁ La lumière qui nous vient de droite frappe le côté gauche de la rétine. Elle génère des impulsions nerveuses qui sont envoyées dans la partie gauche du cortex visuel. La lumière venant de gauche parvient à la partie droite du cortex visuel, après avoir été convertie en impulsions électriques. Les informations venant des deux yeux traversent le cerveau jusqu'au cortex visuel en maintenant la séparation dictée par leur côté d'origine.

messages précédents qui contribuent à sa reconnaissance et à sa signification.

Il semble que le cerveau soit naturellement à même de reconnaître certains modèles. Par exemple des nouveau-nés réagissent très tôt à des modèles importants comme la forme générale du visage. Cette élaboration de l'image implique que des schémas complexes de messages électriques sont transmis et échangés entre des millions de neurones dans le cortex visuel. Nonobstant, tout se passe en une fraction de seconde.

La mobilité des yeux

L'œil pivote facilement dans son **orbite**. Il est protégé par des tissus graisseux et baigné par des sécrétions qui rendent son mouvement aisé. Sa mobilité est cependant limitée par le nerf optique épais et court auquel il est relié par l'arrière. L'orbite est une cavité pyramidale quadrangulaire dont la base ouverte regarde vers l'avant et dont la pointe est percée d'un orifice arrondi, le trou optique, par lequel passe le nerf optique relié au cerveau. Des bouchons de graisse remplissent cette pointe et protègent le nerf optique, en particulier au cours de sollicitations auxquelles les mouvements de l'œil le soumettent.

Six muscles striés tournent l'œil avec précision du côté où il doit se placer pour recevoir les rayons lumineux venant de l'objet visé. Quatre de ces muscles sont fixés d'une part au fond de l'orbite et d'autre part à la partie antérieure de la sclérotique. Ce sont les muscles droits supérieur, inférieur, externe et interne. Le grand oblique s'insère également en arrière mais s'attache au globe de l'œil après réflexion sur une poulie osseuse faisant saillie sur la paroi interne de l'orbite. Le petit oblique, très court, s'attache à la partie interne de l'orbite et à la partie postérieure du globe.

Suivre du regard une voiture de course, par exemple, requiert du cerveau une surveillance continue de la position de l'image sur la rétine et une succession très rapide d'ordres de rotation avec les deux yeux de façon à maintenir l'image sur la tache jaune.

Muscles moteurs de l'œil

Six muscles commandent le mouvement de l'œil:

- **Le droit supérieur** se contracte pour diriger l'œil en haut.
- **Le droit inférieur** tire l'œil vers le bas.
- **Le droit externe** se contracte pour diriger l'œil en dehors.
- **Le droit interne** dirige l'œil en dedans.
- **Le grand oblique** tourne l'œil en bas et en dehors.
- **Le petit oblique** porte l'œil en haut et en dedans.

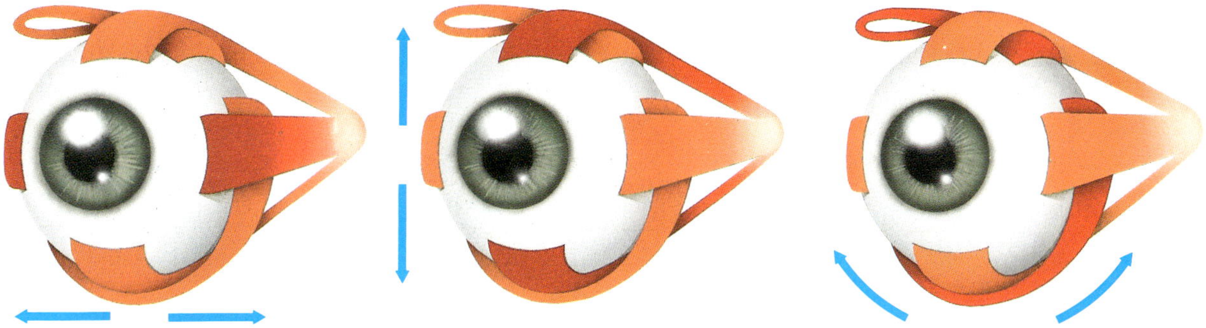

Six muscles tournent l'œil dans différentes directions. Comme tous les muscles striés, les muscles moteurs de l'œil ne peuvent exercer qu'une traction. Les six muscles travaillent donc en trois paires. Quand un muscle se contracte et tire, le muscle antagoniste se relaxe. Chaque paire de muscles fait tourner l'œil dans deux directions opposées.

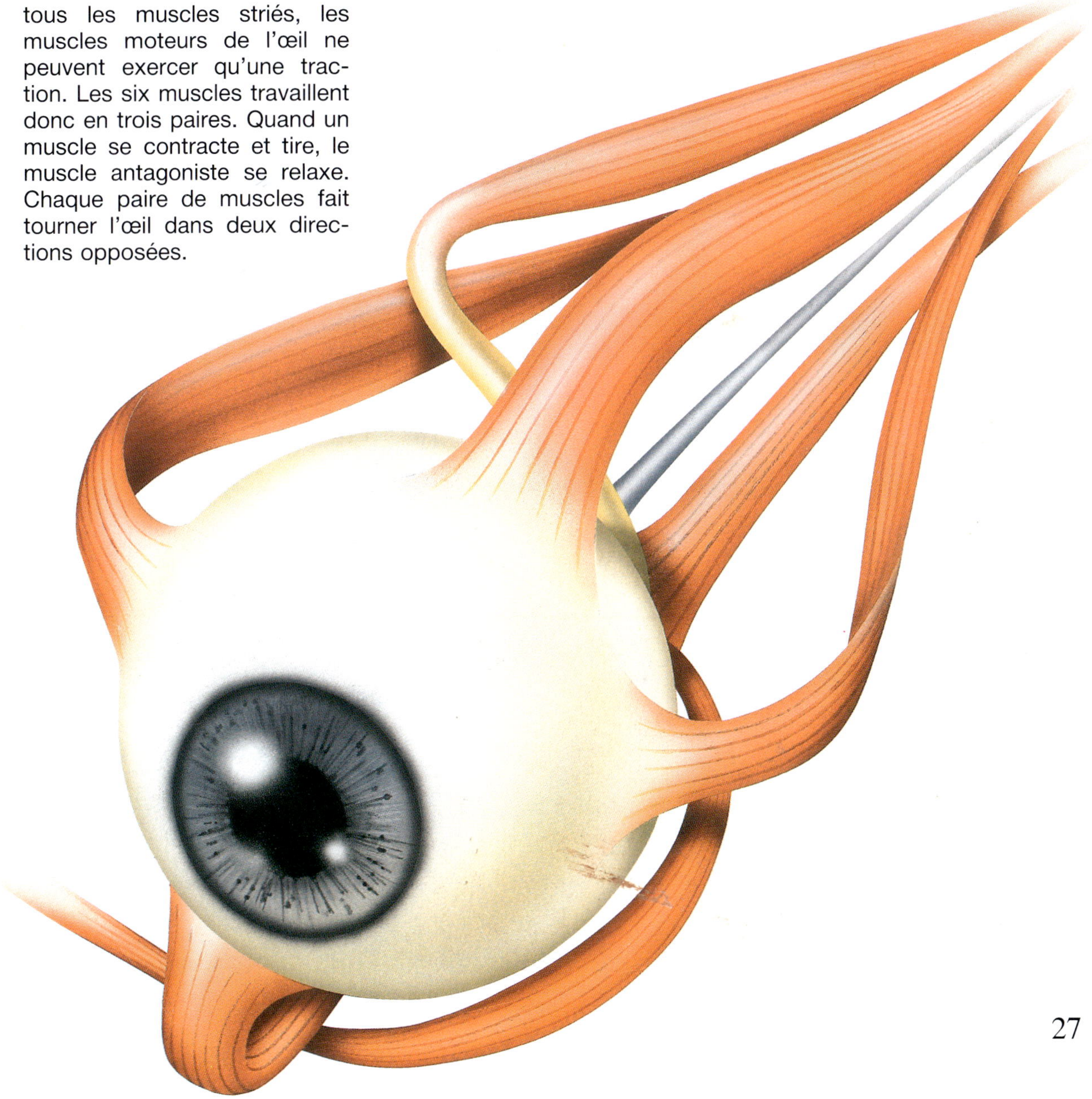

L'œil inlassable

▽ Les yeux et la lecture

1 Quand nous lisons normalement, les yeux balaient la page d'un côté à l'autre, ligne par ligne.
2 La lecture rapide fait appel à la vision périphérique qui embrasse une ligne complète et permet aux yeux de parcourir rapidement la page de haut en bas.

Observez attentivement les yeux de celui qui fixe un objet. Peut-être pourrez-vous noter qu'ils sont continuellement en mouvement. Chaque seconde en effet, les muscles de l'œil se contractent imperceptiblement pour lui conférer son agitation caractéristique.

Si l'œil était totalement immobile, la lumière forte qui peut émaner de certaines parties d'un objet visé tomberait pendant quelque temps sur le même groupe de cellules photosensibles dans la rétine, ce qui aurait pour effet de provoquer une dépigmentation graduelle des cônes qui finiraient par cesser de réagir à la lumière. Mais quand l'œil bouge, la lumière vive frappe successivement des groupes de cellules, ce qui permet aux unes de reconstituer une partie de leurs

1

2

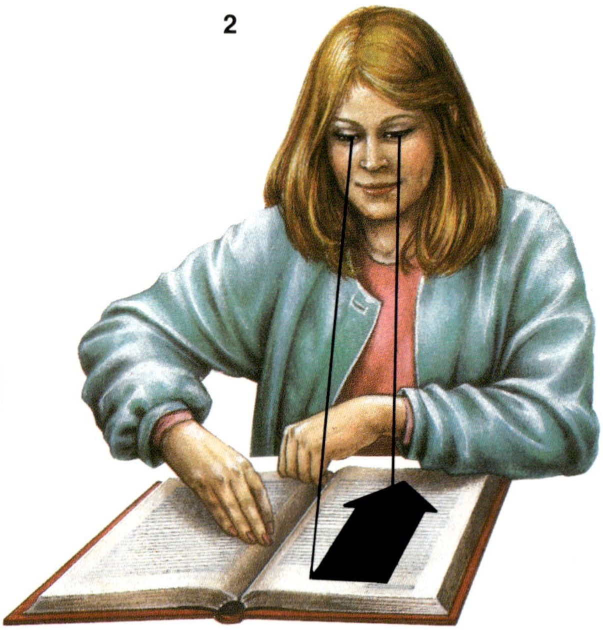

pigments pendant que les autres travaillent. Ce partage du travail permet aux cellules rétiniennes de fonctionner de manière quasi continue.

Le mouvement incessant de l'œil a un autre avantage. Si l'œil était complètement immobile, nous «verrions» la tache de Mariotte, dépourvue de cellules photosensibles, comme un «trou noir». Les légers mouvements de l'œil assurent la mobilité de la tache de Mariotte si bien que les cellules avoisinantes peuvent détecter les parties manquantes de l'image et envoyer l'information au cerveau qui comble automatiquement le vide.

Parfois cependant, l'œil inlassable n'en peut plus. Dans une neige éclatante par exemple, aucune région de la rétine n'est au repos. Les pigments visuels blanchissent rapidement et, après un certain temps, la personne ne voit plus. Cette affection s'appelle «cécité» ou «ophtalmie des neiges».

Le strabisme

Le strabisme est un défaut d'action des muscles de l'œil causé par un déséquilibre de leur force musculaire. Le strabisme est convergent lorsque la déviation de l'œil se fait en dedans et divergent lorsqu'elle se fait en dehors. Le cerveau élimine l'image reçue de l'œil affecté, ce qui entraîne la perte d'une zone de vision. Le strabisme, appelé également loucherie, peut être traité en faisant travailler l'œil atteint par la pose d'un bandeau sur l'œil sain, par le port de lunettes spéciales ou par la chirurgie.

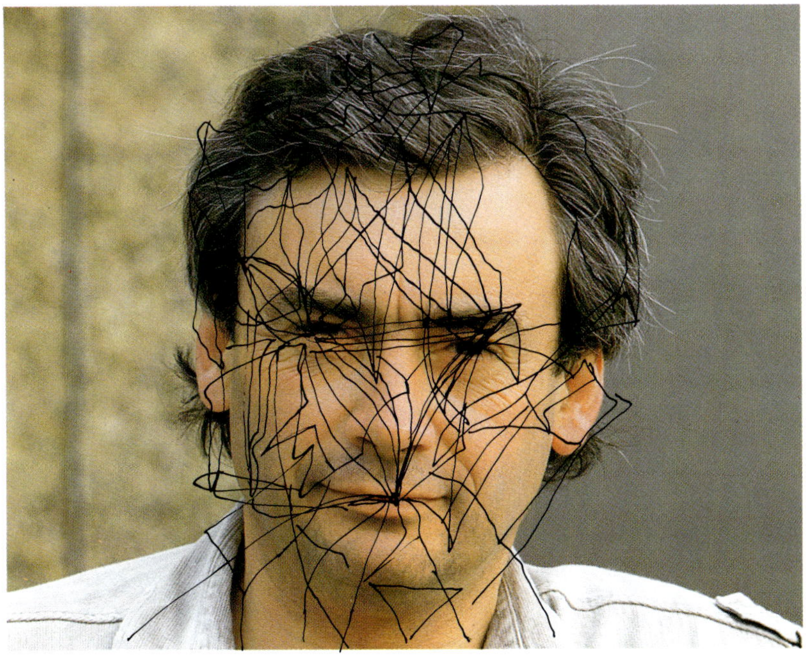

◁ Quand nous regardons un visage, nous ne le fixons pas pour en obtenir d'emblée l'image complète. Ces lignes montrent comment erre le regard de l'observateur, dont l'œil visionne successivement différentes parties du visage, en l'espace de deux minutes environ. Nous tendons à nous concentrer sur les détails qui nous fourniront le plus d'informations, principalement au voisinage des yeux et de la bouche dont l'expression donne une idée de l'humeur du sujet.

Le clignement de l'œil

Toutes les quelques secondes, vous clignez des yeux et vous ne voyez plus. Un clignement ne dure qu'un tiers de seconde mais cela signifie qu'au bout d'une journée vous avez passé près d'une demi-heure dans l'obscurité. Si quelque chose se rapproche trop de vos yeux, vos paupières se ferment par réflexe. Le clignement lubrifie la conjonctive et la cornée au moyen d'un liquide aqueux appelé liquide lacrymal. Cette opération évite le dessèchement de l'œil et le débarrasse des fines particules de poussière. Le liquide est sécrété par les **glandes lacrymales** dont la principale est à peu près de la taille d'une amande.

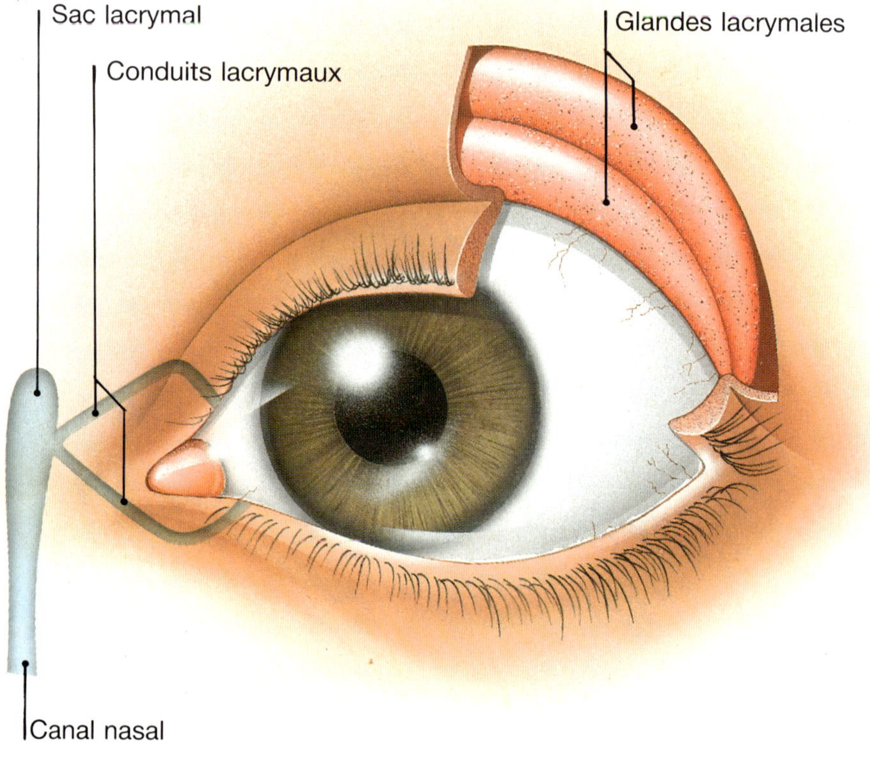

▷ Le liquide lacrymal produit continuellement assure à l'œil humidité et propreté. Il s'écoule ensuite dans les fosses nasales par le canal nasal et finit par être avalé.

Le liquide sécrété par les glandes lacrymales descend sur l'œil et ce qu'il en reste est recueilli par les paupières qui le conduisent à leur angle interne où se trouve la caroncule. En cette région, chaque paupière présente un orifice, le point lacrymal, ouverture d'un tube, le conduit lacrymal. Le point lacrymal de la paupière inférieure est visible quand on tire légèrement celle-ci vers l'extérieur. Le liquide des larmes non seulement nettoie la surface de l'œil, mais, comme il contient un désinfectant naturel appelé **lysozyme**, il contribue à son asepsie.

Chaque clignement balaie le liquide lacrymal vers le conduit lacrymal. Il comprime aussi le conduit pour en évacuer le liquide lacrymal vers le sac lacrymal. Celui-ci débouche dans le canal nasal.

◁ Les aborigènes de certaines régions montagneuses d'Asie orientale, comme cette Chinoise, ont des paupières pourvues d'un bourrelet de peau supplémentaire qui protège l'œil d'une lumière trop vive. Les yeux des Inuit possèdent aussi ce bourrelet qui protège leurs yeux de la lumière vive réfléchie par la neige.

L'amétropie

Certaines défectuosités de l'œil sont nées au cours de la croissance de l'œil, le rendant trop long ou trop court.

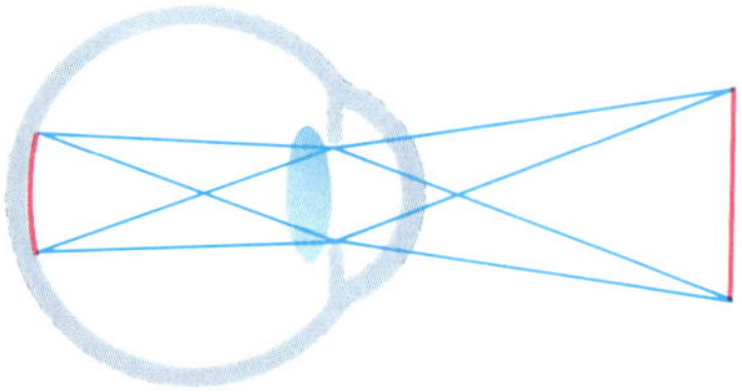

△ Dans l'œil normal, l'image est nette parce qu'elle se forme sur la rétine.

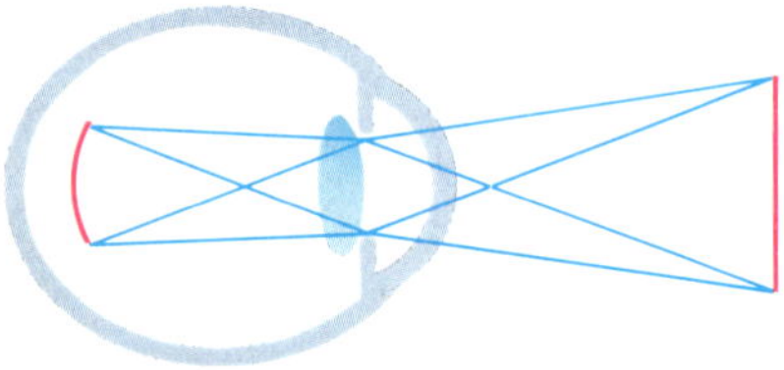

△ En cas de **myopie**, l'image se forme en avant de la rétine.

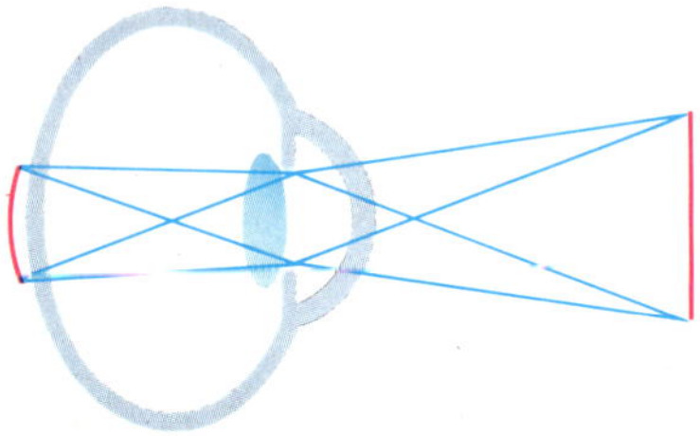

△ En cas d'**hypermétropie**, l'image se forme en arrière de la rétine.

La taille et la forme des yeux varient d'un individu à l'autre. Elles influencent l'efficacité et l'aptitude à focaliser correctement la lumière. Chez certains, la cornée ou le cristallin n'ont pas exactement la forme adéquate ou le globe oculaire est trop gros ou trop petit. Ces défectuosités résultent rarement d'une maladie, mais plutôt d'un problème de croissance. Elles sont toutes des troubles de la réfraction ou amétropie.

La myopie est due généralement à l'allongement de l'axe antéro-postérieur de l'œil: le globe est trop long ou la cornée est trop bombée. Le sujet voit de près. Mais le cristallin est incapable de s'aplatir suffisamment pour que l'image d'un objet lointain se forme sur la rétine. Les rayons lumineux se focalisent en avant de l'écran rétinien et l'image est trouble.

L'hypermétropie résulte du raccourcissement de l'axe antéropostérieur de l'œil. Le globe oculaire est trop court, le cristallin trop aplati et les rayons lumineux réfractés se croisent en arrière de la rétine. Lorsque l'hypermétropie est faible, le sujet voit les objets lointains, mais l'image des objets rapprochés n'est à peu près nette que moyennant un gros effort d'accommodation du cristallin. Lorsqu'elle est forte, tous les objets sont troubles.

L'astigmatisme résulte de l'inégalité de la distance focale des différents méridiens de l'œil. La vision de l'astigmate est meilleure de près. L'œil astigmate, en raison de la différence de réfraction de ses divers méridiens, peut distinguer des traits verticaux mais pas des traits horizontaux ou inversement. Un individu peut être simultanément astigmate et myope ou hypermétrope.

En vieillissant, le cristallin perd de son élasticité et ne peut plus prendre la courbure nécessaire à la mise au point des images. Cette défectuosité s'appelle la presbytie. L'accommodation exige un effort musculaire qui fatigue l'œil. La vision rapprochée est brouillée et la lecture ou la couture par exemple, sans verres correcteurs, devient impossible.

Lorsque se développe un trouble de la vision, le sujet peut, au début, tenter des efforts supplémentaires d'accommodation. Mais la fatigue qui en résulte provoque à la longue une peine, un malaise oculaire, voire des maux de tête.

▽ Les défectuosités de l'œil peuvent être corrigées par des lunettes ou des lentilles de contact. Les examens de l'œil sont indolores. Ils devraient être subis tous les 2 ans. Ici un ophtalmologue examine l'intérieur de l'œil d'un patient pour y rechercher les premiers signes d'une défectuosité.

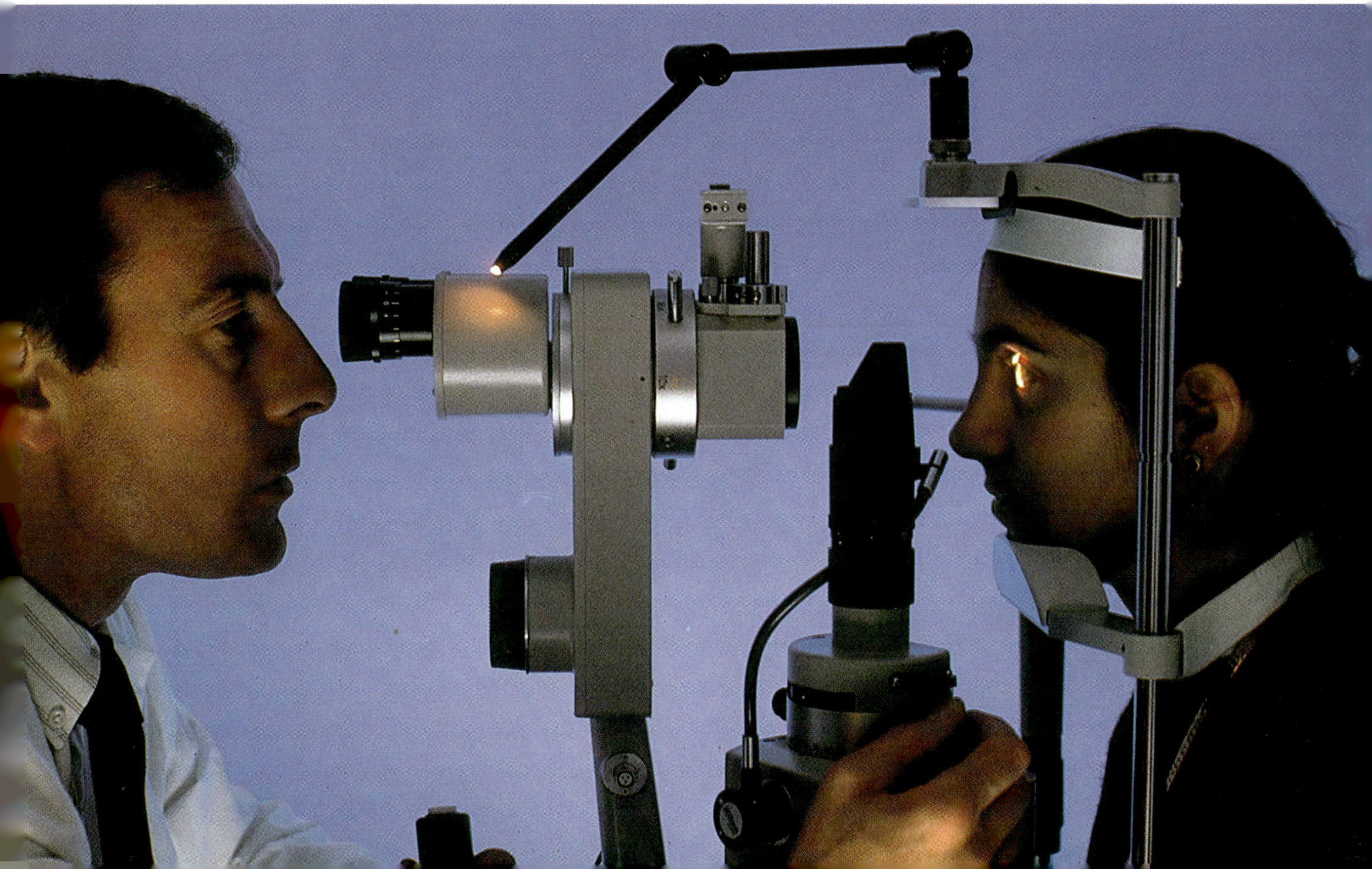

Correction de la vision

Dans la plupart des pays, les gens peuvent porter des lunettes ou des **lentilles de contact** pour corriger leur vision. Le terme de « verres » est encore d'usage courant. Cependant, ces lentilles peuvent être en matière plastique dure et transparente. Le plastique présente, en cas de choc, l'avantage de ne pas projeter d'éclats dans l'œil s'il se casse. Il est aussi plus léger que le verre, donc assure un meilleur confort à celui qui doit porter des lentilles épaisses. Par contre, le verre a ses qualités : plus grande dureté, meilleure résistance aux éraflures. Il n'est pas atteint par ce « voile » que l'usure confère à la longue au plastique.

Les lentilles sont de formes différentes : concaves pour la myopie, c'est-à-dire plus minces en leur milieu que sur les bords (bien qu'incurvées pour s'adapter à la surface de l'œil). Les lentilles concaves font diverger les rayons lumineux avant que ceux-ci n'atteignent l'œil, de façon à ce que l'image se forme sur la rétine plutôt qu'en avant de celle-ci.

La correction de l'hypermétropie requiert des lentilles convexes. Celles-ci, plus épaisses en leur milieu que sur les bords, font converger les rayons lumineux de façon à ce que ceux-ci se croisent sur la rétine plutôt qu'en arrière.

On corrige l'astigmatisme au moyen de verres sphéro-cylindriques de façon à corriger différemment les éléments verticaux et les parties horizontales de l'image. On obtient ainsi une mise au point de l'image sur la rétine.

△ Certaines personnes âgées doivent tenir le journal à bout de bras pour pouvoir distinguer les lettres : c'est un symptôme de presbytie. Cependant, à cette distance, les mots seront trop éloignés pour être vus clairement. Des lunettes peuvent corriger ce défaut.

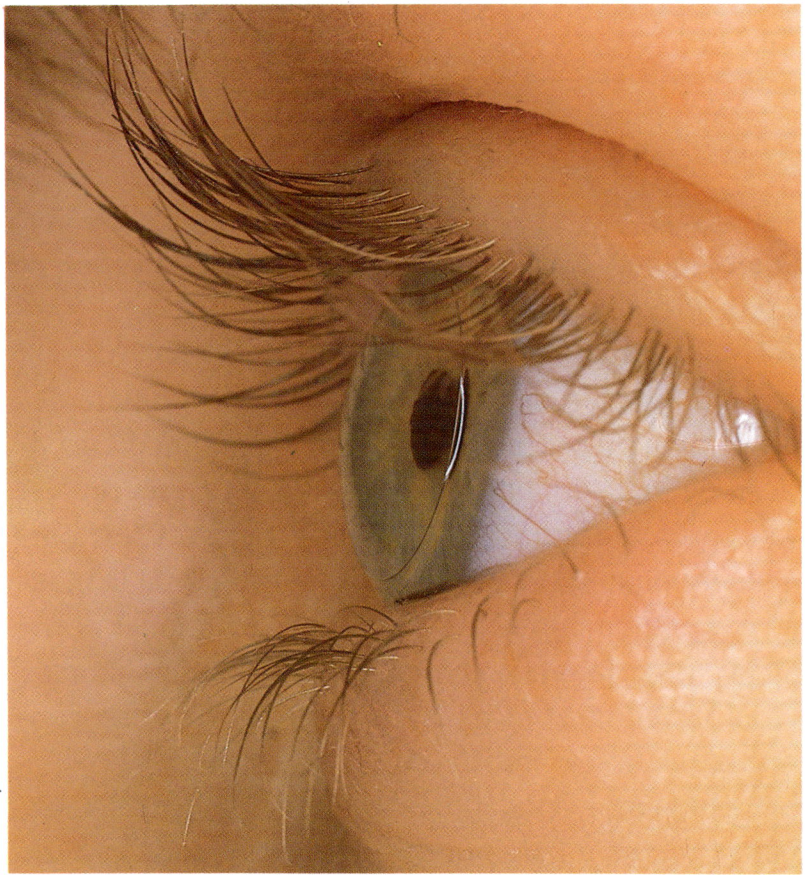

◁ Les lentilles de contact peuvent corriger la myopie et l'hypermétropie; on les insère en soulevant la paupière et en les plaçant sur la cornée.

Chez certains, surtout les personnes âgées, le cristallin perd de son élasticité de sorte qu'il se déforme difficilement. Une solution consiste à porter des lunettes à **double foyer** qui ressemblent aux autres mais en fait portent, à la moitié inférieure, des lentilles de courbure différente. Quand le sujet a la tête droite, pour regarder loin, les lentilles principales corrigent la vision lointaine. Quand il baisse les yeux – pour lire par exemple – son regard traverse également les lentilles additionnelles inférieures.

Les lentilles de contact ont la même forme et la même action que celles des lunettes. Leur appellation est due au fait qu'elles sont appliquées sur l'œil dont elles épousent la forme.

Lentilles de contact

Les premières lentilles de contact ont été fabriquées en 1887 par un médecin suisse. Faites en verre, elles étaient lourdes et inconfortables. Actuellement, trois types de lentilles de contact sont disponibles:

- Les **lentilles dures** ne couvrent que la partie centrale de la cornée. Elles corrigent très efficacement la vision.
- Les **lentilles souples** couvrent toute la cornée. Elles contiennent 30 à 75% d'eau, sont donc plus souples et plus confortables. Cependant, à cause de leur souplesse, elles corrigent les défectuosités de l'œil avec moins de précision que les lentilles dures.
- Les **lentilles perméables** sont semblables aux lentilles dures, mais elles sont poreuses et permettent à l'air d'atteindre la surface de l'œil. Elles peuvent donc être portées pendant de plus longues périodes.

Les soins des yeux

D'eux-mêmes les yeux pourvoient à leur entretien et à leur protection de nombreuses façons.

Une des manières les plus évidentes de les aider est de les protéger des blessures. Dans la plupart des pays, la loi prescrit le port d'un casque muni d'une visière ou celui de lunettes spéciales au cours de travaux présentant un danger pour les yeux. C'est particulièrement le cas des ouvriers travaillant à la meule, ceux qui manipulent des produits chimiques et risquent des éclaboussures, etc. Les travaux à domicile et au jardin ne sont pas tous sans danger et ne peuvent nous laisser indifférents.

La lumière aveuglante peut endommager les yeux. Les soudeurs à l'arc portent des viseurs foncés. Il ne faut jamais regarder directement le soleil car celui-ci endommagerait vos yeux. Les vapeurs et la fumée peuvent aussi constituer une menace pour la santé des yeux. Quand les yeux deviennent rouges et larmoyants dans un endroit enfumé, voyez-y un avertissement naturel de quitter les lieux.

Les maux de tête et la fatigue de l'œil peuvent être causés par une défectuosité de la vision que des lunettes ou des lentilles de contact pourraient corriger. Mais ils peuvent résulter également d'un travail exigeant un regard de trop près ou une activité dans un lieu mal éclairé. Les gens qui travaillent des heures durant devant un écran d'ordinateur ou ceux qui regardent la télévision dans un environnement sombre peuvent aussi souffrir de maux de tête.

Maladies de l'œil

- **Conjonctivite:** inflammation de la **conjonctive** (membrane recouvrant l'œil) causée par un virus ou un microbe, une allergie ou une blessure. N'est contagieuse que si elle est provoquée par un microbe.
- **Trachome ou conjonctivite granuleuse:** inflammation d'origine bactérienne caractérisée par la présence de granulations grises, arrondies et translucides. Très répandue dans certaines régions d'Afrique (d'où son nom ophtalmie d'Égypte) et d'Asie où elle est la cause la plus commune de cécité. Très contagieuse.
- **Héméralopie:** l'avitaminose A provoque une perte de rhodopsine et rend difficile, voire impossible, la vision dans la pénombre ou l'obscurité.
- **Orgelet:** furoncle situé sur le bord même de la paupière prenant naissance à la racine d'un cil.

△ La pratique d'activités dangereuses telles que le travail dans un laboratoire de chimie requiert la protection adéquate des yeux au moyen de lunettes spéciales.

Consultez un ophtalmologue tous les deux ans au moins. Ce spécialiste procède à un examen de l'œil, à un test de la vision qui met en évidence d'éventuelles défectuosités. Dans ce cas, l'acquisition de lunettes ou de lentilles de contact peut être indiqué. Le port de ces prothèses peut contribuer à éviter l'aggravation du mal. L'examen des yeux révèle à l'ophtalmologue leur état de santé général. Certains indices peuvent révéler des maladies de l'œil comme un **glaucome** (voir page 22) ou d'autres troubles de la santé.

Vous devriez consulter immédiatement un médecin si vous éprouvez une douleur à l'œil ou si votre vision se trouble, vacille, s'obscurcit ou se modifie de toute autre manière. Si une éclaboussure de produit chimique atteint l'un de vos yeux, lavez immédiatement celui-ci à grande eau fraîche et consultez sans hésiter le département des urgences d'un hôpital. N'utilisez aucun médicament avant d'avoir consulté un médecin, voire un pharmacien.

La dyschromatopsie

Types de dyschromatopsie

- L'**achromatopsie** est excessivement rare. Elle n'atteint qu'une personne sur 40 000. Celui qui en est atteint voit le monde en noir, blanc et des nuances de gris. Les cônes de sa cornée sont dépourvus des trois pigments habituels.
- Le **daltonisme** est l'anomalie chromatique la plus fréquente. La rétine des daltoniens est dépourvue de cônes possédant un certain pigment. L'absence de cônes sensibles au rouge ou au vert caractérise le daltonisme.

L'absence, congénitale ou acquise, de toute perception colorée ou **achromatopsie** est très rare. Celui qui en est atteint ne perçoit les couleurs que par leur clarté relative : noir, blanc et variétés de gris. La dyschromatopsie est la difficulté de distinguer les couleurs. Sa forme la plus fréquente est le **daltonisme.** Le daltonien ne perçoit pas ou confond certaines couleurs, surtout le rouge et le vert.

La détection des couleurs est un processus très complexe. Elle dépend des trois types de cônes répartis dans la rétine et aussi de la qualité de l'interprétation par le cerveau des informations reçues de l'œil. Elle est enfin fonction de l'apprentissage des couleurs et de leur appellation au cours de l'enfance. Si l'un de ces éléments est déficient, la qualité des perceptions colorées peut être affectée.

En Europe et en Amérique du Nord, la fréquence des anomalies du sens chromatique chez l'homme est d'environ 5%, elle est dix fois moindre chez la femme. Le daltonisme est un exemple d'hérédité récessive ; il se transmet par les femmes, lesquelles restent ordinairement indemmes.

Souvent les daltoniens sont à même de deviner la couleur de quelque chose par son ombre. Les formes et la position des objets donnent une idée de leur couleur. Ainsi en va-t-il des signaux routiers. Cependant le daltonisme interdit l'accès à certaines professions telles que celles de pilote d'avion, de photographe ou de dessinateur de mode.

On détecte le daltonisme en montrant au sujet des images spéciales faites de points colorés. Certaines couleurs représentent des modèles, tel un nombre qu'une vision normale identifie tandis qu'un daltonien verra d'autres dessins.

▽ Avec une vision normale, vous identifiez le nombre 29; si vous confondez rouge et vert, il est possible que vous lisiez 70.

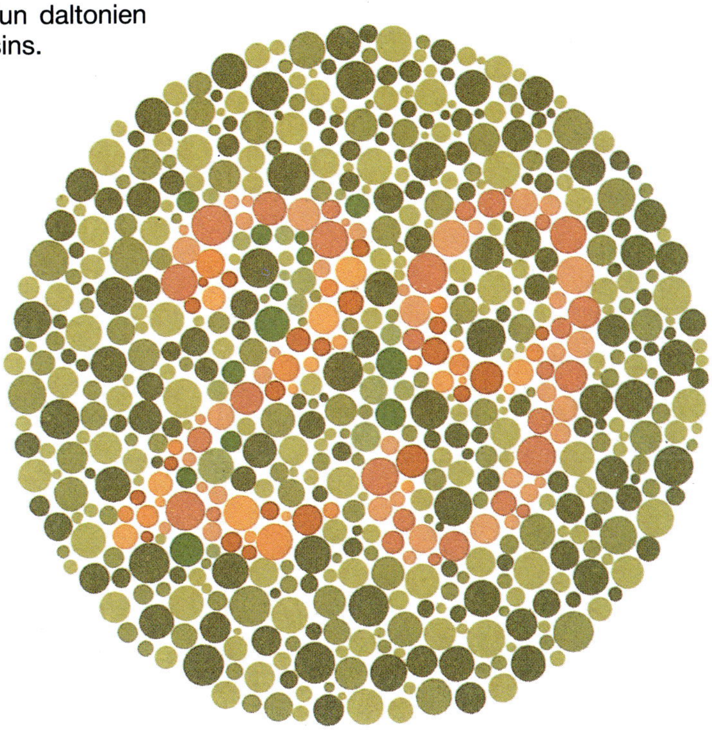

▽ Si vous lisez le nombre 15, votre vision chromatique est normale. Si vous voyez un 17, vous souffrez peut-être d'une anomalie de la vision du rouge et du vert.

▽ Votre vision est normale si vous voyez le nombre 45. La plupart des gens affectés d'une dyschromatopsie ne distinguent aucun nombre.

▽ Si votre vision est normale, vous lisez le nombre 73. Si elle est défectueuse, aucun nombre n'apparaît.

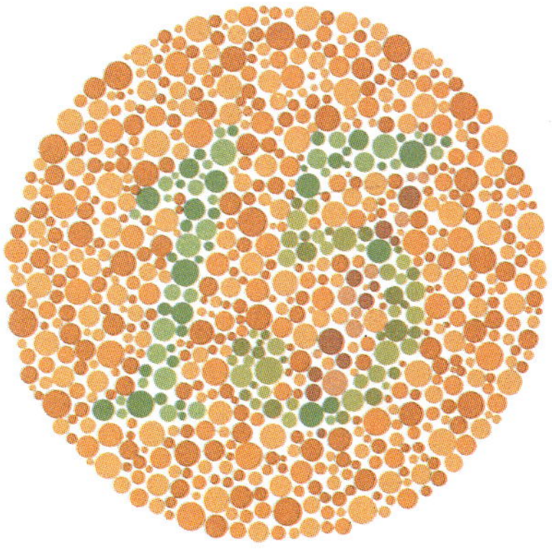

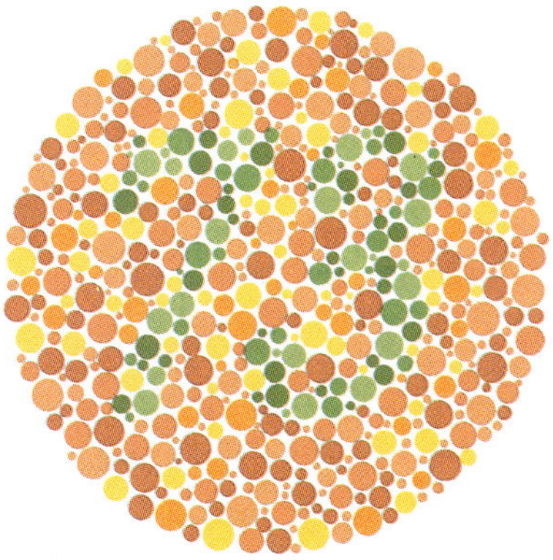

L'interprétation des sensations visuelles

La rétine détecte une image et la traite partiellement. L'information est transmise au cerveau sous forme de signaux électriques codés. À partir de ceux-ci, le cerveau interprète ce que l'œil voit et évoque par sa «vision cérébrale» une image en mouvement. Ce n'est pas une image réelle, comme un projecteur cinématographique éclairant la surface du cerveau. Elle est sous la forme de faibles impulsions électriques.

Cette image n'est pas précise. Le cerveau a d'autres tâches à accomplir et celles-ci ont un impact sur le sens que nous attribuons à ce que nous voyons. L'image est particulièrement affectée par la mémoire et l'expérience.

Mystifier l'œil

Lorsque nous regardons un film, nous ne voyons pas qu'il est fait de nombreuses images fixes. La plupart des films cinématographiques sont en fait une succession rapide d'images fixes, défilant au rythme de 16 à 25 images par seconde. Le défilé est tellement rapide que l'œil en est encore à enregistrer la dernière lorsque la suivante apparaît. Les images s'intègrent et se mêlent et dans notre esprit nous les voyons comme le déroulement d'une scène.

Les animaux dont les yeux réagissent plus vite que les nôtres n'ont pas cette impression de mouvement continu. Quand un chat, par exemple, regarde la télévision il voit défiler une série d'images fixes et séparées.

▷ Sur cette image, l'église est une réduction. Cependant, elle a les mêmes dimensions que celle de l'autre image. Le cerveau cherche à vérifier si elle se trouve devant ou derrière les enfants, ce qui l'amène à découvrir ses dimensions réelles et sa situation.

Les nouveau-nés doivent apprendre à voir. Ils s'initient à certaines règles comme par exemple associer la taille apparente d'un objet à la distance qui les en sépare : l'objet éloigné paraît petit, rapproché il paraît grand. Au bout d'un certain temps, le cerveau saute immédiatement aux conclusions sans reprendre chaque fois le processus d'interprétation.

L'image est aussi affectée par d'autres sens comme l'odorat. Nous pouvons nous rappeler le parfum d'une rose. Puis, plus tard, le même parfum peut nous amener à évoquer des images mémorisées et nous voyons la rose en esprit. L'humeur et la fatigue peuvent aussi affecter ce que nous voyons ou plutôt ce que nous croyons voir. Nous pouvons même, en rêve, voir des images vivantes, les yeux fermés.

Le cerveau peut être mystifié par des images énigmatiques. Il s'efforce de leur donner un sens et parfois il se dupe lui-même dans ce processus. Souvent les images sont des dessins en deux dimensions, sur papier, de quelque chose d'impossible à transposer dans l'espace.

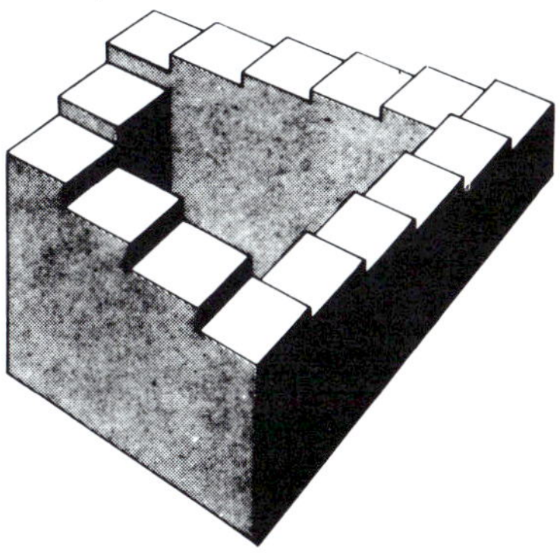

△ L'œil interprète ce qu'il voit par comparaison avec des images mémorisées. Une image « impossible » comme cet escalier, est dérangeante parce qu'elle ne s'harmonise pas avec une expérience antérieure.

◁ Nous savons que l'église est à l'arrière-plan parce qu'elle est beaucoup plus petite que les enfants.

La confusion des couleurs

Le spectre

Les couleurs de la lumière visible ne sont qu'une partie du spectre plus étendu du rayonnement électro-magnétique. À l'une des extrémités du spectre visible, on trouve les rayons ultraviolets, les rayons X et les rayons gamma; à l'autre, on trouve les rayons infrarouges, les micro-ondes et les ondes radio, invisibles à l'œil humain. Les couleurs fondamentales du spectre, rouge, vert et bleu, se combinent pour produire la lumière blanche.

Tous les animaux ne voient pas en couleurs. L'homme le peut et la couleur joue dans sa vie un rôle important. De nos jours, la couleur est utilisée de multiples manières, des œuvres artistiques aux voyants de panneaux de contrôle.

Le mécanisme de la vision chromatique est très complexe. On pense que les ganglions nerveux, qui reçoivent des signaux électriques des cônes, comparent les intensités des signaux émanant des différents types de cônes. Dans une zone minuscule de la rétine, les signaux émanant des cônes «rouges», comparativement forts par rapport à ceux qu'émettent les cônes «verts» et «bleus», indiquent au cerveau que la couleur perçue est rouge.

△ La superposition de lumière bleue, rouge et verte donne une lumière blanche. Le bleu, le rouge et le vert sont les couleurs fondamentales de la lumière.

△ En imprimerie ou en peinture, toutes les couleurs s'obtiennent à partir de bleu, de rouge et de jaune. La superposition de ces trois couleurs fondamentales des pigments donne du noir.

Lorsque les signaux parviennent au cerveau, ils sont, croit-on, divisés en deux groupes. L'un a trait au contraste des couleurs, l'autre surtout aux niveaux de luminosité.

Les imprimeurs dupent l'œil depuis des siècles. Si vous examinez à la loupe les photos en couleurs de cet ouvrage, vous constaterez qu'elles sont constituées de nombreux petits points qui apparaissent en trois couleurs (les pigments fondamentaux) et en noir. Les yeux et le cerveau mélangent ces couleurs pour en constituer des taches douces et nuancées.

Nous voyons aussi les couleurs par «paires opposées». Rouge et vert constituent une paire, bleu et jaune une autre. Ces couleurs sont dites **complémentaires.** Fixez intensément une tache rouge durant 30 secondes. Puis regardez rapidement une zone blanche. Vous devriez par contraste successif voir une image de la couleur complémentaire, le vert.

▽ Une vue rapprochée d'un écran de télévision montre qu'il n'existe des points que de trois couleurs : rouge, bleue et verte. À distance normale d'observation, l'œil et le cerveau superposent ces points de couleur pour constituer une forme aux couleurs douces.

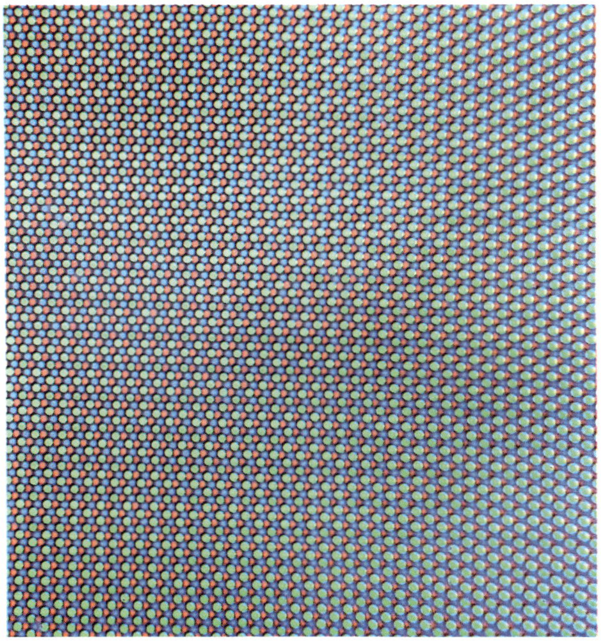

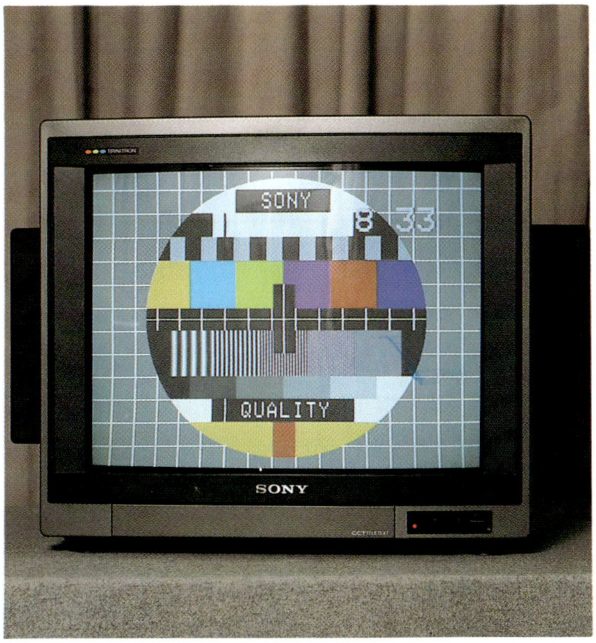

Au-delà de la réalité visuelle

Couleurs, éclat, formes, ombres, mouvement, perspective et parallaxe ne sont que des éléments significatifs détectés par les yeux et interprétés par le cerveau. Mais ce que nous croyons voir ne correspond pas toujours à la réalité.

Nous reconnaissons la couleur d'une orange par expérience. Nous nous attendons à ce qu'un objet qui a la forme, la texture et l'odeur d'un orange en ait aussi la couleur. Dans un local faiblement éclairé ou en pleine lumière, nous voyons sa couleur comme étant «orange». Cependant des études scientifiques de photographies en couleurs montrent que la véritable couleur de l'orange varie suivant l'éclairage.

Nous pouvons être abusés par des objets aux couleurs variées comme des voitures. À la lumière vive et jaune d'un éclairage public au sodium, une voiture peu familière peut paraître grise. Mais à la lumière du jour, elle paraît verte. Ceci parce que nous n'avons pas d'expérience antérieure de la voiture.

Les études et la langue affectent aussi les couleurs que nous «voyons» en imagination. Si une langue ne possède pas de mot propre pour caractériser une certaine couleur, celle-ci peut être désignée par l'appellation d'une couleur proche. L'expérience et l'étude ont aussi un impact sur l'interprétation des modèles. On montre à des gens plusieurs images simples constituées de quelques points ou lignes. Puis on leur demande de les mémoriser et de les dessiner plus tard. Si les images représentent des objets familiers, ils

△ Le cerveau humain essaie toujours de trouver une signification aux images qu'il reçoit. Cette image peut être interprétée comme une vieille dame tendant la main ou comme l'homme dans la lune.

◁ Il y a très peu d'indications visuelles dans ce fatras de mouchetures. Cependant, le cerveau n'éprouve aucune difficulté à distinguer l'image d'un dalmatien. Le cerveau est doué pour interpréter les images.

peuvent y parvenir aisément. Mais le test paraît beaucoup plus difficile si les modèles présentés sont plus chaotiques et n'ont pas de sens. De plus, on sait que les modèles et les formes qui sont familiers dépendent du milieu où nous sommes élevés.

Les casse-tête graphiques ont du succès parce que le cerveau tente de donner un sens à ce que nous voyons, mais ils élaborent plusieurs options. Souvent, ils passent d'un choix à un autre. De telles images sont souvent artificielles. Si elles faisaient partie du monde réel, le cerveau apprendrait comment leur donner un sens.

Reconnaissant ce qui lui est familier et lui attribuant un sens, le cerveau peut distinguer l'essentiel de sa vision du monde. Il peut analyser les informations émanant des yeux et interpréter tout ce qui est important. Enfin, notre sens de la vision se combine avec les informations fournies par les autres sens pour nous donner une image du monde réel.

Glossaire

Accommodation: capacité d'adaptation de la forme du cristallin à la mise au point sur la rétine d'images d'objets lointains et rapprochés.
Achromatopsie: impossibilité de distinguer d'autres nuances dans les couleurs que les sombres et les clairs.
Astigmatisme: trouble singulier de réfraction qui résulte de l'inégalité de la distance focale des différents méridiens de l'œil.
Bâtonnets: minces cellules cylindriques situées dans la rétine, réagissant à la lumière mais incapables de distinguer les couleurs. Très sensibles, elles assurent la vision dans des endroits très faiblement éclairés.
Cataracte: maladie du cristallin caractérisée par l'opacité de celui-ci.
Cellules bipolaires: cellules rétiniennes pourvues de deux longues terminaisons qui reçoivent les signaux nerveux des cônes et les transmettent aux ganglions nerveux.
Champ visuel: zone qu'aperçoit l'œil sans bouger.
Chiasma optique: bandelette blanche située à la face inférieure du cerveau qui donne naissance à ses deux angles intérieurs aux nerfs optiques et à ses deux angles postérieurs aux bandelettes optiques. C'est ici que les nerfs optiques s'entrecroisent avant de se rendre au centre de la vision du cerveau par les bandelettes optiques.
Cônes: cellules photosensibles coniques qui détectent les couleurs et la lumière vive et permettent la finesse de la vision. Les cônes sont très nombreux et serrés dans la fossette centrale de la tache jaune.
Conjonctive: muqueuse qui tapisse l'intérieur des paupières et tout l'extérieur du globe de l'œil, sauf la cornée transparente.
Convergence: angle formé par les lignes de visée des yeux. Cet angle est d'autant plus grand que l'objet visé est rapproché.
Cornée: tunique antérieure et transparente de l'œil.
Cortex cérébral: écorce du cerveau dans laquelle l'information reçue est triée et interprétée.
Cortex visuel: région du cortex située à l'arrière du cerveau qui reçoit et interprète les messages nerveux venant des yeux.
Couleurs complémentaires: couleurs «opposées», telles lumière rouge et verte; les contrastes successifs présentent la couleur complémentaire à la couleur observée initialement.
Cristallin: est une lentille biconvexe placée entre l'iris et le corps vitré et entourée au niveau de son équateur par les procès ciliaires solidaires des muscles ciliaires. Le cristallin est l'organe de l'accommodation. Par son élasticité il se prête aux efforts que celle-ci requiert.
Daltonisme: forme la plus fréquente de la dyschromatopsie; est une anomalie de la vue qui consiste dans l'absence de perception de certaines couleurs ou dans la confusion de couleurs (surtout rouge et vert).
Dyschromatopsie: trouble de la perception des couleurs, spécialement incapacité de l'œil à distinguer les trois couleurs fondamentales.
Ganglions nerveux: cellules nerveuses situées dans la rétine, qui transmettent les messages émanant des bâtonnets et des cônes aux fibres nerveuses et par elles au cerveau.
Glandes lacrymales: au nombre de deux par œil. La plus importante, en forme d'amande, est logée à l'intérieur de l'orbite à l'angle externe de cette cavité. Elle sécrète le liquide lacrymal ou liquide des larmes.
Glaucome: maladie de l'œil caractérisée par une augmentation de la pression intra-oculaire qui accroît la dureté du globe et détermine une compression du nerf optique compliquée d'une diminution de l'acuité visuelle.
Héméralopie: réduction de la capacité de vision nocturne ou dans de mauvaises conditions d'éclairement causée par la perte de rhodopsine des bâtonnets à la suite d'une avitaminose A.
Humeur aqueuse: liquide transparent remplissant la chambre antérieure du globe oculaire.
Humeur vitrée: masse gélatineuse transparente enfermée dans une membrane avec laquelle elle constitue le corps vi-

tré logé dans la chambre postérieure du globe oculaire.

Hypermétropie: trouble de la réfraction caractérisé par la formation des images en arrière de la rétine. Résulte du raccourcissement de l'axe antéro-postérieur de l'œil. L'œil de l'hypermétrope est trop court.

Iris: partie de la choroïde qui termine celle-ci en avant et en constitue la partie visible au-dehors. L'iris constitue un diaphragme contractile à la lumière et à l'accommodation. C'est lui qui donne à l'œil sa caractéristique colorée suivant la façon dont le pigment s'associe au tissu propre de cette membrane.

Lentilles à double foyer: verres dont le segment supérieur permet à ceux qui souffrent de troubles de l'accommodation de voir nettement les objets lointains, et le segment inférieur les objets rapprochés.

Lentille de contact: lentille de petite taille de forme adaptée au défaut d'accommodation à corriger, qui s'applique directement sur tout ou sur une partie de la cornée.

Lysozyme: substance capable de dissoudre certains germes.

Mélanine: pigment brun foncé qui donne la coloration normale à la peau, aux cheveux, à l'iris.

Muscles ciliaires: petits muscles qui servent à accommoder la vue aux distances et qui sont des organes essentiels au fonctionnement de la vision; sont reliés au cristallin par les procès ciliaires qui sont des plis en série encadrant le cristallin.

Myopie: trouble de la réfraction caractérisé par la formation des images en avant de la rétine. Résulte de l'allongement de l'axe antéro-postérieur de l'œil. L'œil du myope est trop long.

Nerf optique: faisceau de fibres nerveuses qui transmettent les signaux de l'œil au cerveau.

Orbite: cavité pyramidale quadrangulaire dont la base ouverte regarde en avant et en dehors.

Parallaxe: déplacement de la position apparente d'un corps, dû à un changement de position de l'observateur.

Perspective: aspect sous lequel une chose se présente; des objets déterminés paraissent plus petits et plus rapprochés à distance que vus de près; les rails d'une ligne de chemin de fer qui sont parallèles, paraissent se rejoindre à distance.

Pupille: trou percé au centre du diaphragme iridien dont le diamètre varie en fonction de l'éclairage ou suivant que l'œil regarde de près ou de loin.

Rétine: membrane nerveuse qui double tout le fond de l'œil. Est l'épanouissement des fibres du nerf optique. Contient plusieurs couches de cellules et de fibres superposées dont la plus importante est formée de cônes et de bâtonnets sur lesquels se peignent des impressions visuelles.

Rhodopsine: pigment pourpre contenu dans les cellules des bâtonnets, qui se décolore à la lumière et amène la cellule à générer un signal électrique.

Sclérotique: membrane fibreuse blanche qui entoure le globe oculaire sauf dans sa partie antérieure occupée par la cornée.

Strabisme: défaut d'action des muscles de l'œil qui se traduit par une déviation de l'œil en dedans (strabisme convergent) ou en dehors (strabisme divergent).

Tache de Mariotte: (ou papille optique) disque légèrement ovoïde par lequel le nerf optique pénètre dans l'œil. Dépourvue de cônes et de bâtonnets, cette zone est insensible à la lumière. On l'appelle parfois tache aveugle.

Tache jaune ou fovéa: partie la plus sensible de la rétine, d'un diamètre d'1 mm environ, dépourvue de bâtonnets et dont les cônes plus étroits qu'ailleurs sont plus serrés.

Trachome: maladie contagieuse qui est l'une des causes les plus fréquentes de cécité en Afrique et en Asie.

Vision périphérique: capacité de voir des objets sans les viser directement. La vision périphérique est assurée par les bâtonnets répartis sur la rétine en dehors de la tache jaune. Elle est moins sensible et moins nette que la vision normale assurée par la tache jaune.

Vision stéréoscopique: capacité de voir les objets en relief.

Index

PRINTED IN BELGIUM BY proost INTERNATIONAL BOOK PRODUCTION